OYSTER

A GASTRONOMIC HISTORY

牡 蛎

征服世界的美食

[英] 德鲁·史密斯（Drew Smith）著

丁敏 译

华中科技大学出版社
http://press.hust.edu.cn
中国·武汉

目录

食谱

奥夏斯·贝尔（Osias Beert）：搭配水果与红酒的牡蛎餐（细节），约1620年。

前言

　　凯尔特人不能忍受将所经历的事情记录下来，他们觉得那样做是意志力薄弱的表现。合格的故事讲述者应该牢记这一条，所以，但凡凯尔特人的家事都是从曾祖父、祖父和父亲口中传下来的。假设凯尔特人能想象久远的过去是什么样的，比如，一下子想到公元前3400年（可能还要再早一些）博因河（Boyne）上的纽格莱奇墓（Newgrange Barrow），那么，德鲁伊的故事到目前为止就好像有了一条固定的主线。

　　凯尔特人并不是唯一因不记录萨迦而成为低下的社会阶层的人种。那么就让我们在讲故事时想象自己是被系在康沃尔溪流上的一艘货船，潮水涨起，将我们从淤泥中托起，或者我们可以想象自己在温暖的路易斯安那河河口漂流，等着大风将自己吹起，抑或等着从红海的一艘帆船上或者一艘驶离布鲁姆（Broome）、金伯利（Kimberley）、澳大利亚北部的划艇上纵身入海去潜泳。

　　等待……牡蛎的确善于等待。

　　牡蛎裹在碳酸钙的硬壳里，它们对外界的危险保持警觉，从海水中吸进氧气、过滤泥沙、改变性别。牡蛎目睹了人类全部的历史和抗争。

　　食用牡蛎，只是我们和牡蛎故事的一部分。牡蛎早在人类诞生前就存在了，比"很久以前"还要早，你可能会说比时间本身还早。那时，牡蛎礁环绕大洲，是海洋和陆地之间的一块暗礁。人类曾经在海洋和陆地上迎风前行或徘徊伺机，无论以何种方式，人类都努力让自己绕着地球环行，从一个海湾迁移到另一个。人类不是居于洞穴而是栖息于海湾。

　　拿一块牡蛎礁放在手心，感受一下这种被我们视为岩石的外壳的刮擦感，然后撬开它，这样你就获得了大地母亲赠予你的地球编年史，并能从中品到未来的滋味。请对牡蛎礁怀有一份敬意。

牡蛎的身体结构

当人们有滋有味地咬上一小口牡蛎，
就像在夏日给味觉带来一丝快感，
这种快感来去匆匆，
很少有人能想象自己咀嚼的是
比手表精密得多的食物。

托马斯·赫胥黎（Thomas Huxley）
"牡蛎以及有关牡蛎的问题"

各种类型的新鲜牡蛎。
牡蛎口味多样，有赖于
它们的生长环境。

完美的不对称

牡蛎与其他生物有许多不同点。多数生物是对称的。例如，我们有两条胳膊、两条腿，鱼儿身体的左右两侧是对称的，鸟类的双翅是同样大小的，甚至多数其他双壳贝类也有两块大小几乎相同的外壳。但是，牡蛎却不是这样。

牡蛎的两片外壳迥异。朝上的那片比较扁，朝下的那片呈杯形且下垂，这是因为贝壳硬蛋白在重力的作用下向下过滤。尽管牡蛎可能横向或纵向生长，这种生长差异解释起来简单，但每只牡蛎在地球上都是独一无二的。

相较于千变万化的河口生活环境，牡蛎是较为稳定的生物。生物学时常在这种潜在的挑战上停滞不前，因为人们几乎不可能对养殖在不同河口的牡蛎做精确的比较，甚至包括将相同的品种做比较。这是牡蛎迷人的独特性的另一方面。当其他生物都起来活动时，牡蛎依旧泰然自若。

牡蛎对原始人来说还有其他优点。它们方便携带。原始人把牡蛎包起来，悬挂在船的一侧，带着它们驶入大海或返航回家。牡蛎肉包裹在壳内，肉质常保新鲜，连续几天都汁水饱满；它还是健康、营养的美食，富含矿物质，为骨骼补充钙质，提供早期餐饮所缺少的维生素；它也是一种营养源，比新石器时代游牧家庭摄入的其他营养素更高级。

牡蛎就如人类一样遍及全球各个角落，尤其在地球起源时期，它们所到之处包括非洲、印度、东南亚、日本、中国、菲律宾、澳大利亚、新西兰以及美洲大陆。有海岸线的地方就能让牡蛎产卵，那里的水不咸，也不算纯净，不冷也不热。在欧洲，牡蛎沿着北海至挪威所在的陆地生长，一路穿过英吉利海峡，围绕法国、西班牙、葡萄牙沿海地区，然后在地中海形成了一块圈状的领地。

当一切技艺都无法制造出一只牡蛎时，

有人会猜想这些神造的稀有结构是随机而生的。

世上还能有比这更天真的想法吗？

杰里米·泰勒（Jeremy Taylor），《索多姆的苹果》（*Apples of Sodom*）

牡蛎礁沿着摩洛哥海岸线呈缎带状，伸入黑海，最远可到达克里米亚，它们环绕着爱尔兰海岸。牡蛎在英国最北可到达奥克尼群岛（Orkney）。不妨想象一下，盎格鲁撒克逊人之所以能够存活且变得强大的部分原因是，他们在弗里西亚半岛（Frisian peninsula）的家园也是一座牡蛎湾。

半盐海水有助于牡蛎防御入侵者，但必要的条件是：有一块坚固的石基让牡蛎附着其上；周围的海流不是很强，不会动摇"领地"，没有极端的气候；没有飓风经过，从而泥沙不会堆积在牡蛎床，那样牡蛎就能快速繁殖了。

从新鲜的牡蛎上可以看到，牡蛎的上壳比下壳更扁，下壳呈杯形。

海鲜集市上的新鲜牡蛎。多维尔，诺曼底，法国。

牡蛎汤

烹饪分两步：提前一天准备汤底，第二天品尝鲜汤。

四人餐

2汤匙黄油	3杯（750毫升）白葡萄酒（见"提示"）
1根韭葱，摘去两端，冲洗，斜着切成薄片	16只牡蛎，擦洗干净
1根胡萝卜，削皮，剁碎	1束菠菜（250～300克），修剪粗糙的根茎
1束新鲜欧芹（75～100克），修剪粗糙的根茎	4汤匙厚奶油
	新鲜面包

准备汤底：在大号深底锅里用中火融化黄油。加入韭葱、胡萝卜，将蔬菜炖5分钟。把欧芹全部放进去，倒入白葡萄酒。将一半牡蛎去壳，带汁放进蔬菜和酒里。把火调小，煨10分钟。然后关火，将锅放在一旁。

准备牡蛎汤：重新调至中火，给锅加热。将欧芹从锅里取出来、丢掉。稍微加热一下汤盘。将余下的牡蛎去壳，放进温热的汤里。每份汤加一小把菠菜。菠菜叶煮蔫的那一刻——约需要1分钟时间——加厚奶油。之后，将锅从火上移开，搅匀汤汁，再将汤汁舀进汤盘中。刚出炉的面包用来搭配牡蛎汤。

提示：如果想熬更多的牡蛎汤，建议蔬菜汤和白葡萄酒以1:1的比例稀释。

具足面盘幼虫和贝壳硬蛋白

春季，当海水开始升温时，牡蛎进入繁殖旺季。初生的幼虫借助纤毛或毛发向前移动。长大一些并接近静止状态后，它们还会利用这些纤毛将食物分类。蚝仔的移动距离很长，能沿着河口游动（或游出河口）3千米左右。一周之后，它们开始向海床方向下沉。到那时每只蚝仔会渐渐长出外壳，通过显微镜可以发现它们显现出牡蛎的形状。14～18天之后，蚝仔将固着在坚硬的物体上，那里是它们的永久定居点。

不过，蚝仔会被人工移植到不同的海域催肥。有些牡蛎长到市场交易的尺寸需要两年时间，其他的则需要五六年。任由它们自然生长的话，要过50多年才能达标。在加拿大布拉斯湖（Lake Bras）中发现的牡蛎已经活了100年。对牡蛎来说，在放弃活动之前找到附着物是顷刻之间就能做出的选择。它更爱栖息在另一只牡蛎身上。甚至在这个阶段，幼虫也会注意食物的种类，在行动之前可能还会留心来自其他群体的召唤。似乎有一种吸引幼虫与同伴和牡蛎相邻而居的原始沟通系统。

当牡蛎幼虫仍然漂浮不定时，它们会长出一对眼睛（没有人会完全认同它们的功效）和一只脚，用来让自己附着在最终的栖息地。这时，它们就长成了科学意义上的具足面盘幼虫。如果不附着于另一只牡蛎，幼小的具足面盘幼虫将会附着在坚硬、静止的物体上，例如岩石、红树林、河口结实的底部，或者码头的杆子上。在砖块、船艇、易拉罐、轮胎、瓶子，甚至螃蟹和乌龟背上也能发现它们的身影。人工养殖的牡蛎附着在瓦片、绳索、棍子、筏子或竹片上。

在海中，牡蛎的壳会继续生长。外套膜从海水中吸收钙离子并分泌贝壳硬蛋白，硬蛋白会及时钙化，形成牡蛎的外壳。由于大部分的贝壳硬蛋白是在外套膜边缘分泌出来的，外套膜的形状和位置就决定了壳体的形状。

太平洋牡蛎养殖户。澳大利亚新南威尔士的博特尼湾（Botany Bay）、乌鲁韦尔湾（Woolooware Bay）。

纯净的浮游生物

虽然牡蛎是固着生物，但它们生活的世界并非风平浪静。牡蛎和变化不息的浮游生物生活在一起，这些浮游生物流经河口，让牡蛎的生活环境和食物源产生了巨大的变化。它们将牡蛎冲刷干净，并运送那些经过过滤和分筛的珍奇藻类。牡蛎食用的浮游生物是一群微生物，它们被潮水和海风推动，降雨为它们带来新的成员，它们从河堤上一冲而下——仿佛悬浮在洋流上的一碗鲜汤。

我们知道牡蛎以何为食。科学家解剖成年牡蛎的胃，发现了一群微小的浮游生物。早在1933年，就有一项研究报告了牡蛎的晚餐包括海藻、丁丁虫、硅鞭藻、鞭毛藻、介形亚纲动物、卵、海洋无脊椎幼虫，以及来自陆地植物的花粉粒、碎石、海绵骨针和沙子。正因为这些浮游生物的存在，才让牡蛎成了河口生态系统的宝贵组成部分，从而成为营养如此丰富的食物。从某种意义上讲，那是一群纯净的浮游生物。它们成为丰盛的"餐食"，让牡蛎生长得更快，在如此短暂的时间里生出韧性十足的外壳。

敏感的牡蛎

牡蛎的身体反应与我们的味觉或嗅觉相似。那是它们的基本感知。遇到危险时它们会紧闭外壳。光线、海水的咸度、气温、阴影和声响都会让牡蛎迅速做出反应。环境的变化让它们产生复杂的反应。

海水发生的任何变化，就连一道掠过的影子都会刺激外套膜的神经，进而让闭壳肌关闭外壳。牡蛎的外套膜（三个部位中最大的一块）的肌肉发达，行动灵活，每分钟可泵出、泵入海水15次。海水冲洗着牡蛎的身体，让它保持清洁。只要外壳保持关闭状态并蓄有汁液，牡蛎就能傲视大多数的入侵者，存活于污染的水域或暴露在潮水退去的沙滩上，且能忍受被迫迁移的苦痛。

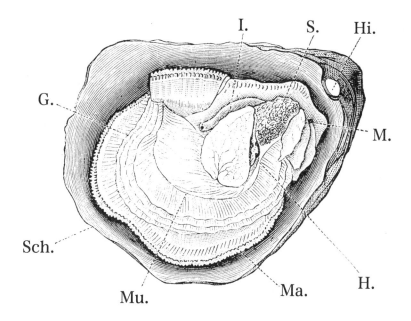

解剖图展示了牡蛎的内部器官（H：心脏；M：嘴；Hi：铰合位；S：胃；I：肠；G：鳃；Sch：外壳；Mu：闭壳肌；Ma：外套膜）。

　　退潮时沿着牡蛎湾附近的沙滩散步，当牡蛎对外界做出反应并关闭外壳时，你会听到一阵阵短促的吐唾液的声音。牡蛎强壮有力。加拿大的一项实验表明，要掰开一只10厘米长的成年牡蛎需要花费9千克的拉力。

　　牡蛎的呼吸类似鱼类，它并用鳃和外套膜。心脏（一个心室、两个心耳）位于闭壳肌下面，负责泵出无色血液，为全身输送氧气。另外，牡蛎还有两只肾用来净化血液。食物通过牡蛎的嘴进行筛分，然后传递至消化系统，之后食物流经卷绕的肠管，最后通过直肠排出体外。

不寻常的性生活

牡蛎雌雄同体，这一术语最初是指生物的性别能够任意地在雌性和雄性之间转换。牡蛎从雄性变成雌性，然后再随心所欲变回来，甚至在繁殖期内也能如此。雌牡蛎把卵下在壳里，雄牡蛎射精，精子被一群浮游生物带入雌牡蛎的壳里。是什么让牡蛎变性的？这一点令人捉摸不透，虽然水温的变化可能是一种促发因素。

据科学文献记载，直到1937年，英国的J. H. 奥顿（J. H. Orton）和丹麦的R. 斯帕克（R. Sparek）才意识到牡蛎一直在变性。在奥顿的研究中，一批标记为雌性的实验室牡蛎突然开始射精。奥顿大吃一惊，在它们的外壳上凿开小洞，花了几天时间用显微镜观察雌牡蛎是如何变成雄牡蛎的。貌似雌牡蛎一旦开始产卵，就会很快变成雄性。

从雄牡蛎到雌牡蛎的转变过程耗时较长 —— 要花数个星期，甚至几个月，无论条件如何。双性态有助于繁殖。从生物学的角度看，牡蛎的身体构造基本是抽象的。雌牡蛎没有腺体产生蛋白，不需要用子宫保护蚝卵，因为它有十分有力的保护壳；雄牡蛎也不需要阴茎或其他安全部位储存精子。到了求爱期，牡蛎也不需要任何随身装备。与其他生物相比，牡蛎变性的障碍要小得多。牡蛎的滤泡生产蚝卵或精子，反之亦然 —— 这对于双壳软体动物来说是再平常不过的事。通常，年幼的牡蛎成熟会先成为雄牡蛎，然后再慢慢变成雌牡蛎。雌牡蛎会用外壳保护幼虫12天，然后将它们排入河口，幼虫游走，去寻找安全的定居点。

1948年，在加拿大圣劳伦斯海湾（Gulf of St. Lawrence）爱德华王子岛（Prince Edward Island）的马尔皮克湾（Malpeque Bay），一名牡蛎养殖工正在敲开攒簇在一起的牡蛎，好让单个牡蛎正常生长。

雄性先熟的牡蛎

太平洋牡蛎的性生活有点不同，没那么有趣。它们也能任意改变性别：要么像雄性那样繁育，要么像雌性那样产卵，它们将精子和蚝卵排到河口，在水中受精（不像其他牡蛎那样将卵产在壳里，由雌性来受精）。这个过程用科学术语表述就是"雄性先熟"，意思是雄性器官先发育，然后被抑制住，等雌性器官生长。太平洋牡蛎出生后刚开始时是雄性的，在接下来的繁育季会变成雌性的。之后，它们在大部分时间里似乎更喜欢保持这种雌性状态，以后还会（且能够）变回雄性。牡蛎生活的时间越久，成为雌性的可能性越大。词典上笼统地将这种现象称为"顺序雌雄同体"（sequential hermaphrodism）。在任意一段时间内，牡蛎床上的牡蛎性别比变化显著。一项研究显示，雌雄比达到100∶73，而另一段有关幼年牡蛎的记录则显示，雌雄比达到100∶133。

不孵化幼虫意味着太平洋牡蛎的体重的80%都变成精子或卵子。某块领地的雄太平洋牡蛎射精会引起其他雄牡蛎效仿。雌牡蛎意识到发生了什么事，于是立刻开始排卵。不久，整块牡蛎礁将覆盖在白白一层漂浮的卵子和精子下面。对单只牡蛎而言，要受精是不可能的。一颗游散在宽广水域里的精子如何能邂逅一颗卵子呢？答案是，牡蛎能够自然地大量聚集到一起。它们交互繁殖，同时释放出成千上万颗精子和卵子，就像撒播花粉一样。它们的外壳变成培育下一代的基地。

牡蛎的营养成分

饲养牡蛎的方式让它成了营养丰富的食物。烹饪指南向年轻人、体质较弱且上了年纪的读者大力推荐牡蛎。如果期待祖母会坐在扶手椅上剥牡蛎，或者母亲为生病的孩子做牡蛎晚餐，兴许夸大了牡蛎的营养价值，而年老的药剂师时常会向病人推荐牡蛎，并给出足够可靠的分析。牡蛎也是水手、拓殖者、渔民，以及早期游牧民的理想食物。

一打（12只）牡蛎的热量不到100卡路里，而其蛋白质的含量相当于100克牛排的含量，它包含的钙质抵得上一杯牛奶。与一般的生物不同，牡蛎还是维生素C的食物来源。它们脂肪含量低，因其脂肪主要包含的是糖原和淀粉。糖原（人体储存的葡萄糖）是能量的重要来源，尤其对长期从事重体力工作的人来说。

由牡蛎制作的维生素"鸡尾酒"能代替水果和蔬菜，有助于缓解疾病（如维生素C缺乏病），尤其对早期航海的水手来说。很多人以为维生素B_{12}只能源自真菌和细菌，但其是牡蛎中所有维生素的来源。维生素B_{12}作用于神经细胞活动，进行普通新陈代谢和DNA复制，还能改善心情。它常被当作缓解抑郁症的处方。

按照含量的降序排列，牡蛎含有维生素B_1（盐酸硫胺素）——有助于将糖原转化为能量、维生素B_2（核黄素）、维生素C、烟酸、维生素A、维生素B_6，以及维生素E。

牡蛎中矿物质含量第一的是锌，它能保护免疫系统，治疗创伤，促进生长发育（尤其是孕期的胎儿生长和儿童的生长发育）。含量第二的是铜，这一点令人不解，因为锌时常会阻碍身体吸收铜，这时身体会转而吸收铁。含量排第三、第四的是铁和硒。含量更少的是镁、磷、锰和钙。

凭直觉推测（如果无法借助科学），早期欧洲医学——最早可追溯到古罗马人生活的时期——会将牡蛎纳入疾病的疗方，这些疾病包括肺结核、黏膜炎、胃病、失眠和普通残疾。普林尼（Pliny）热衷于建议人们用牡蛎改善病人的面色。这是牡蛎进入城市的原因之一。

动物的肝与牡蛎含有等量的铁和铜。菠菜与牡蛎含有等量的叶酸。你无须成为一名法医学专家就能从牡蛎的营养成分中推测出：如果说有什么食物可能成为催欲剂，那么牡蛎马上会自告奋勇。丰富的锌元素会让男性拥有优质的精子，从而提高女性卵子的受精概率。糖原能提供能量。维生素B_{12}能放松心情，维生素C和维生素B_2能抗氧化。

甘布勒湾（Gamble Bay）码头的牡蛎，华盛顿州，美国。

微量元素锌与牡蛎休戚相关。男性射精时会流失1～3毫克的锌，为了恢复体力，食用牡蛎（及其包含的锌）可能会有益处。低量的锌代表性无力，在一些情况下让锌回到正常水平有助于恢复性功能。近年来，美国食品药品监督管理局意识到，过去人们的餐食中可能普遍缺少锌元素，因此，一百多年前食用牡蛎所带来的效果会比现在更加显著。

牡蛎壳还有药用和营养功效：它们一度作为石灰的原料，或为耕地施肥，或喂养母鸡，使鸡蛋壳变得坚固。磨碎的牡蛎壳在医药行业并不罕见，它们被放进药丸里，预防骨质疏松症，因为牡蛎壳里含有丰富的钙。

在过去的100年里这类尝试销声匿迹，而如今我们正意识到，想要最充分地使用牡蛎壳就得从牡蛎床上回收利用，这样就能人工造出肥沃的繁育基地，以便让新一批的牡蛎茁壮成长。

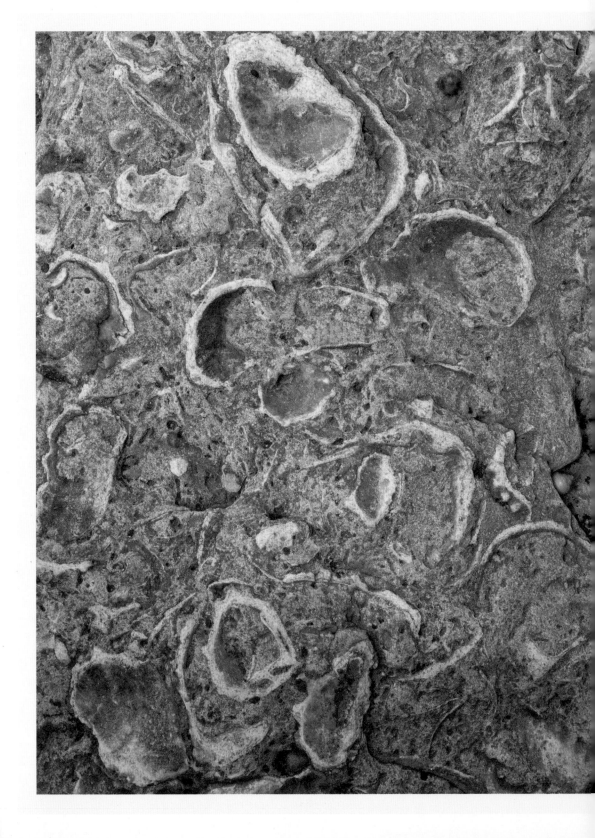

第一部分
古代

如燧石般坚硬锋利，没有铁器能在上面擦出火花；

如牡蛎般神秘、自给自足、遗世独立。

査尔斯·狄更斯（Charles Dickens）

《圣诞颂歌》（*A Christmas Carol*）

侏罗纪时期的牡蛎壳化石。

原始时期

牡蛎年长于人类，年长于荒草。它处于文明的开端，创世之始。

在古生代晚期，人类发现了牡蛎。距今5.42亿到2.51亿年前——地球起源后的40亿年，生命起源后的33亿年。无论以何种标准，牡蛎都是独一无二的幸存者。

在英格兰多塞特的波特兰石上，人们发现了牡蛎化石，它形成于侏罗纪时期。在秘鲁，2亿年前的巨大牡蛎壳在安第斯山脉海平面以上1.6千米处被发现。不论发现牡蛎的地点确切有多少，牡蛎已经生存了很久很久。

地球上的史前贝冢（史前社会人类遗留下来的垃圾堆）皆已被发现。位于丹麦卡特加特海峡沿岸的贝冢遗址主要包括牡蛎、鸟蛤、贻贝和玉黍螺的化石。在爱尔兰西海岸人们也发现了类似的遗址，在布列塔尼的耶尔姆地区圣米歇尔昂赫姆（St.-Michel-en-l'Herm），贝壳堤长达700码（640米），宽达300码（275米），高于湿地4.5米。考古学家在希腊南部古城迈锡尼、日本和澳大利亚发现了其他隐蔽的贝冢。我们对早期美洲土著人的了解多数来自对早期牡蛎贝冢的研究，这些贝冢散见于密西西比州到缅因州这段海岸，其他贝冢则位于达马瑞斯科塔河附近。

最早出现的刀、叉、选票和船

牡蛎是原始人的主要食物。在新石器时代，牡蛎不仅仅是食物来源。贝壳早先可能被当作刀和勺子，甚至挖掘工具。珍珠母贝闪亮的内层被制成时尚饰品，或者装饰宗教神像；余下的贝壳可能被敲碎，混合沙子作为建筑材料。人们用牡蛎交换肉和贝壳，以及令人羡慕不已的珍珠。

缅因州纽卡斯尔达玛瑞斯哥塔湖畔的格利登贝冢（Glidden Midden），它是由公元前200年到公元1000年间的成吨的废弃牡蛎壳形成的。

当探险家在公元前4000年左右从布列塔尼到达不列颠时，不列颠的人口在400年内增长了四倍，这表明有一批人来到此地定居，而并非采猎者在逐步改变这片新的地域。第一批欧洲移民乘船航行，一个洞穴接一个洞穴地探索，确保每座水湾都是一处食物"贮藏柜"。旅行者先确认某座牡蛎床附近有安全的定居点，然后继续寻找下一处定居点。船造得越大，他们就能航行得越远，并且能够环绕海岸航行，随时留意陆上岩礁是否藏有食物。牡蛎的产量巨大，旅行者必须拽着礁石的一边撬动它们，如果有铁器还可以直接将它们撬开，或者丢进火里烤，趁热时开壳比较容易。

第一批探险者是穴居人，他们沿着海岸线缓慢行走，围着海岸在最肥沃的河口暂时停留。最早的文明（称作文化更合适）是由海洋而非陆地推动的。

牡蛎的存在说明原始人有了另一项重大发现——盐。盛产牡蛎的浅海湾和水湾必然会有潮汐。牡蛎对盐分的敏感性清楚地表明了它是人们为救赎自己而储备的第一种存粮。

牡蛎甚至融入了我们所用的语言。希腊语"ostrea"的意思是"排除"（leave out）。在希腊选举中，投票者会把标记凿刻在珍珠母贝上，从"ostracism"（排斥）一词中可以看到人们选择派别的举动。无论哪段历史，只要是存在牡蛎的地方，就能看到人类的内脏和骨头。知名航海国家——英国、法国、西班牙、葡萄牙、日本和美国等——都欣赏牡蛎文化。它们与牡蛎并非毫无关联。捕捞牡蛎的人需要船只，凡是有大量牡蛎的地方，周围就会迅速开展有关造船的贸易，根据牡蛎捕捞者的需要，这些贸易常常是独特和个性化的，这些贸易也可能确实是那些在航行时以牡蛎为食的水手所需要的。船造好后需要架起风帆，因此在同一地方又兴起了纺织业。在中世纪，埃塞克斯（Essex）与佛兰德斯（Flanders）的贸易远近闻名，之后切萨皮克的女裁缝们又开始为曼哈顿的融资人缝制衬衣和套装。最初捕捞牡蛎的人是海军，一座牡蛎礁相当于法兰西水手的养老金。

贝冢：史前片段

在古希腊和罗马时代之前，欧洲可能在不列颠进行了牡蛎贸易。翻看欧洲巨石文化的地图，你会发现这场贸易恰好与彼时牡蛎湾所在的地点重合。在离大海几千米以外的地方几乎找不到较大的坟墓和石棺，可以预见的是，它们都在牡蛎湾附近。海水是神圣的，供奉上帝和女神的祭品会被投入海中。

在爱尔兰博因河上的纽格莱奇有一座巨大的坟冢，它的时间早于英格兰威尔特郡的巨石阵以及古埃及金字塔建造的时间。有人认为，古坟的历史可追溯至公元前3200年，当时它可能是一座举办庆典或祭祀冬至的场所。博因河是许多其他新石器时代遗址的故乡，显然在当时，它是重要的地理位置。斯蒙特·博斯托克（Simant Bostock）在1996年的《凯尔特人的关系》（*Celtic Connections*）中写道：

> "纽格莱奇的居民留下了四座巨大的浅石盆，它们位于内室壁龛的地板上，有些用来焚尸，焚烧在火葬堆中损毁的钉头、石头坠饰、七色石球、燧石工具的残片、动物骨骼和贝壳（日常筵宴的残迹，献给神灵的祭品或者给亡人的供品）……"

在博因河北部几千米处是卡林福德，它是爱尔兰又一座牡蛎之都。博斯托克继续写道：

> "我们可以猜测凯尔特人是欧洲北部最具影响力的部落，他们与地中海南部的接触可能最初是由善于航海的腓尼基人开启的。在两种文化中，凯尔特人和腓尼基人都没能保留自己的历史，因为凯尔特人严格遵守口头传播的传统而拒绝手写文字；而腓尼基人用来记事的纸莎草遗失了，他们做水手时所记录的文字可能被海水损毁。"

历史记录未能留存，而牡蛎壳的存在表明，当时或者至少是前罗马时代，这里生活着社群。

希腊人或罗马人没有动力去扩张被其征服和殖民的民族的文化。几乎能肯定的是，这种西部联盟最终走向了历史的终点。但是，可能还有另一类帝国，它实际上与古希腊或古罗马一样重要。

腓尼基人

很久以前（不确定具体时期），腓尼基人与不列颠沿海地区展开贸易，他们看好康沃尔的锡矿，于是着手开采这一矿藏。这里要提到被称作"锡岛"的地方，那里有部分锡矿资源可追溯至公元前500年。有进一步的证据表明，早在青铜时代（约公元前2100年到约公元前1500年），腓尼基人就与西班牙和葡萄牙展开了贸易。锡矿在欧洲是物以稀为贵。人们需要用锡来铸造青铜器皿，由此可以推测，康沃尔——这块世界锡矿的主产地——享有得天独厚的地位。法尔茅斯的天然港因其附近的牡蛎河口养殖场成为商客的首选之地。

不论现在还是过去，爱尔兰、康沃尔和南威尔士都盛产牡蛎，这可能受到腓尼基海员的欢迎，因为牡蛎不仅被用作食物维持生计，还是腓尼基人带回（现在的）黎巴嫩或沿途其他港口的货资。任何从非洲以北开发沿海航线的船长途经（现在的）葡萄牙、西班牙和法国，并驶入英吉利海峡时都会路过牡蛎礁，他们想必不会错过这种产量大、营养丰富的食物。有时，船上载有多达170名桨手，牡蛎成为受欢迎的必备物资。

J. A. 伯克利（J. A. Buckley）在《康沃尔的采矿业》（1988）（*Cornish Mining Industry*）中提到，锡业的分布区域由达特穆尔（Dartmoor）一路延伸至兰兹角（Land's End）：

> "历史资料上说，在公元前4世纪，康沃尔和地中海之间的贸易渐趋成熟、完善。很少有资料显示这里发生的重大历史事件——例如，罗马帝国入侵地中海地区，400年后又撤退了——除了会暂时扰乱国际贸易以外还会有什么其他影响。"

罗马作家注意到这块西部聚落的复杂性。马萨利亚（现在是法国的马赛）的皮西亚斯在公元前325年到公元前250年乘船环游了不列颠岛，此行被载入史册。他归来时汇报了这座西部之国的锡矿对罗马帝国的重要性，并夸赞康沃尔人"友好、文明"，这些优点是在与外地商人交往中逐渐形成的。

古希腊历史学家狄奥多罗斯·西库路斯（Diodorus Siculus）声称："不列颠人……非常好客，懂礼貌。"他描述了锡矿的开采方式：它们被运到岛上，铸成锡块，然后转运到高卢，马沿着陆路将锡块运往马赛。整个过程耗时30天。这段叙述否定了"大批英格兰牡蛎被马驮到罗马帝国"的猜想：牡蛎在当时不可能活那么久，想必还有其他运送路线。

历史学家斯坦福·霍尔斯特（Stanford Holst）于2004年6月19日在弗吉利亚的费尔法克斯召开的世界历史学会（World History Association）年会上提交了一篇论文，文中对"腓尼基人的影响力来自海上"这一问题存在诸多的疑问。按照传统的看法，腓尼基人直到约公元前1100年才开始向外拓殖并建立外领地，例如摩洛哥的加迪斯（Cadiz）、马拉加（Malaga）、伊比萨（Ibiza）和丹吉尔（Tangier）；北非的迦太基（突尼斯）；还包括塞浦路斯、西西里岛、撒丁岛和科西嘉岛上的殖民地。

但是考古学溯源发现，比布鲁斯（腓尼基城市迦巴勒）在公元前6000年就是一座小渔港了，山坡上的黎巴嫩雪松为当地造船业提供木料，也提供出口的木材。有证据表明，到了公元前4500年，比布鲁斯出现了上百座房屋。考古学研究和当代文献中还描述了泰尔（Tyre）这座传说中的城市——据说它建立于约公元前2750年，当时它只是近海的两座岛屿。

海运文化的气势和影响力被低估，是世界牡蛎产区的永恒话题。腓尼基人建立的古老帝国最终全部被外敌侵占，腓尼基人的故事被后来的征服者（错误地）改写。

帝王紫

意大利拉文纳的圣维塔教堂有一幅16世纪的镶嵌画，画的是查士丁尼大帝穿着华丽的紫色斗篷，衣服上染有海螺壳花纹——海螺是牡蛎最大的捕食者。

牡蛎，主要为腓尼基人和古罗马人提供紫色染料。染料是从被压碎的海螺壳中提取的。这种紫色又叫"帝王紫""皇室紫"或"提尔紫"，染料从小型生物中提取，因此压碾海螺的工作发展成了另一种家庭手工业。染料在古罗马时期尤为珍贵，因为它需要使用大量的海螺——一件宽外袍（toga）就要用到约1200只海螺。

地理环境将染料贸易与西部国家英格兰联系起来。腓尼基人在康沃尔发现了锡，它们可能想努力保守矿藏地点的秘密，因为这些矿藏实在是太重要了。他们要用锡和铅制作平底锅，那样就不会让涂在锅上的显贵的紫色染料褪色。据说，腓尼基船长宁可让船沉没，也不会向在公海尾随而来的敌船透露锡矿的位置。或者，他会丢弃船上存放的染料——它们能换来比金子还要贵重的财富，估计比金子贵重15～20倍。

希腊人和罗马人

作为造船工和水手，希腊人可能在更远的地方劫掠了牡蛎。公元前400年，他们将嫩枝和陶瓷放在浅池塘里用来引诱牡蛎的幼虫。当时，塔兰托（Taranto）——坐落于意大利"靴子"的鞋跟处——还是一座希腊港口，如今它仍然是牡蛎养殖地。

据普林尼记录，约在第一个千禧年之交，罗马人在那不勒斯湾附近首次尝试养殖牡蛎。首座人工牡蛎床的建造者是谢尔盖·奥拉塔（Sergius Orata），地点位于巴亚（Baiae）。他从布林迪西（Brindisium）带回牡蛎，将它们催肥，这样做不是为了"让他自己暴饮暴食，而是出于贪财"，他幻想着通过自己的聪明才智赚得盆满钵满。

然而，人们之后觉得，将牡蛎一路从布林迪西（意大利的上端）运回巴亚是值得的。为了不让两地牡蛎产生竞争，人们想出了一项计划——在鲁克林努斯湖（Lake Lucrinus）喂养从布林迪西来的牡蛎，它们经过这么漫长的旅途一定饿瘪了。

奥拉塔创建的农牧业在今天依旧广为传颂。他清理其他海洋生物的居所，将牡蛎苗撒在上面，不断检查以确定它们有足够的空间长到合适的大小。他定期进行筛选，除去附着在壳上的害虫，并且防止泥沙粘到壳上。

奥拉塔甚至还采取了更具革新意义的方法。他在水下垒起了一座石堆，将成年牡蛎放在上面；然后用悬于水中的小棍将这些牡蛎围起来，这样就能捕到幼虫并吸引它们附着到他所希望的地方。巴亚湖还被用来培育人们爱吃的金头鲷，给金头鲷人工喂食牡蛎，以达到催肥的效果。

在巴亚进行的早期培育更宣扬了牡蛎"放荡不羁"的名声，因为这里是一座出了名的让人放纵的滨海小镇。富有的罗马人来到这里，做出

> "奥拉塔，也是最先判定鲁克林努斯湖的牡蛎鲜嫩味美的人……当他赋予鲁克林努斯湖牡蛎尊贵的地位时，不列颠海岸还没有运送补给。"
>
> 普林尼（Pliny the Elder），《自然史》（*Natural History*）

不端行为。现在，巴亚属于那不勒斯湾，同时也是时尚度假胜地和皇家舰队的所在地。

关于巴亚的颓靡有许多文献可供查阅。公元前60年，社会名流马尔库斯·凯基利乌斯·鲁弗斯因在罗马和巴亚过着男宠般的生活——纵情于沙滩派对和豪饮——而遭到指责。小赛内加写过一封有关"巴亚及其罪恶"的道德书信，他将温泉镇描述为"奢靡的旋涡"和"罪恶之湾"。当普罗佩提乌斯将小镇刻画成"放荡奸邪的窝巢"时，事态显然没有发生太大的改变。就在这里，克劳迪亚斯国王为他的第三任妻子梅萨丽娜（Messalina）修建了一座巨大的别墅，她日夜在此欢歌，密谋让情人夺取王位，最终她因此惨遭斩首。

你可能会认为巴亚只是一个因牡蛎的存在而出名的地方。小镇甚至还有以自己名称命名的特色炖菜——食材包括牡蛎、贻贝、海蜇、松仁、芸香、欧芹、胡椒、芫荽、莳萝、葡萄酒、鱼露、枣和油。

在罗马盛宴上吃多少牡蛎是有讲究的。据说，奥拉斯·维提里乌斯（Aulus Vitellius）一次能吃1200只牡蛎。而实际上是否真的如此还有待考证。就算是存放在罗马别墅的地窖里，每批牡蛎也要趁新鲜时品尝。剩下的会送去厨房烹煮或备用。

而普林尼热衷于让牡蛎成为包治百病的药材：他建议把牡蛎放在葡萄酒和蜂蜜里煮，可以治疗胃病；带壳烤，然后把肉吃下去可以治疗黏膜炎；用水稀释可以治疗溃疡；牡蛎还能作为女性肌肤的滋补品。普林尼还建议将碾碎的牡蛎壳制成牙膏。

与马尔西亚共进晚餐

罗马人爱吃牡蛎。他们烘焙特制的面包搭配牡蛎——堪称美国牡蛎脆饼和牡蛎三明治的先驱。晚餐是精英阶层心心念念的重要场合，正如罗马诗人马尔西亚（Martial，活跃于公元100年）在邀请信上所写的：

> "朱利叶斯·赛瑞亚利斯（Julius Cerialis），你将在我家享受丰盛的一餐……头一道菜是莴苣（有助于消化），从韭葱上剥下的嫩芽，然后是腌制的金枪鱼幼鱼，个头比小蜥蜴鱼大一些，可以用鸡蛋和芸香叶当配菜。然后，我会端上许多鸡蛋，它们是用小火煮熟的，还有维拉布鲁姆街（Velabrum street）的芝士，以及橄榄。这些菜足够你当作前菜享用……你想知道还有什么其他菜吗？我们还有鱼、牡蛎、母猪的乳房、填馅用的野禽肉，以及谷仓院子里圈养的母鸡。"

牡蛎的经典做法是铺上调料，放在壳里上菜。关于调料，当时的引证会提到胡椒、独活草、蛋黄、醋、古罗马鱼露（liquamen）、橄榄油和葡萄酒。古罗马鱼露取自富含脂肪的鱼类，如鲭鱼、金枪鱼发酵的内脏。这就像中国的酱油（可能更像泰国鱼露）被用来当作穷人喝的稀饭的调味料，或者作为巨富之家的餐桌配料，添水搅拌一下还可以作为退伍军人的饮料。

鱼露会散发难闻的气味，这种贸易主要在小镇外进行。文献上说，鱼露原本是一种毒药，后来慢慢变成了贮存在大缸里的特色食材，与一层层野药草交叠在一起——药草包括了洋茴香、芫荽、茴香、欧芹、薄荷、香薄荷、薄荷油、独活草、牛至、百里香、虞美人等。事实上，在地中海的山坡上能遇到很多种动植物——其中包括鱼、多味药草和盐。

以下引述的穆契雅努斯（Mucianus）对美食的热情显示出，罗马人为了得到牡蛎要走多远，同时也告诉我们罗马人对晚餐有多么挑剔：

"产自基济科斯（Cyzicus，是希腊一处偏远的地方）的牡蛎个头比鲁克林努斯的大，比布列塔尼的淡，比梅多克的鲜美，比比弗所（靠近土耳其的伊兹密尔）的味道刺激，比伊丽斯（在穆尔西亚）的名贵，比科普拉斯（可能在希腊，或者罗马附近的希腊神庙遗址）的干，比伊斯特里亚（靠近帕尔马）的软，比塞（靠近罗马）的白。"

对罗马人来说，不列颠牡蛎——尤其是科尔切斯特的牡蛎，后来叫作里奇伯勒（Rutupian）牡蛎——是具有传奇色彩的饕餮大餐。"Rutupiae"是重要港口里奇伯勒（Richborough）的罗马名称，被称为沃特林街（Watling street）的古道就是从这里开始向外延伸的，从这里驶向罗马的船只会在里奇伯勒港稍作停泊。来自布列塔尼和英格兰附近的牡蛎找到了去往罗马的路——以一种看似有组织的贸易方式，罗马人为了这种贸易在别墅建造了冰地窖。

奈乌斯·尤里乌斯·阿古利可拉（Gnaeus Julius Agricola），公元78年到85年执政的罗马地方长官，首次将大批牡蛎从里卡尔弗（Reculver）运回罗马。海上航行可能花了6周的时间——远远比牡蛎离开海水之后存活的时间久。历史学家轻描淡写了让科尔切斯特的牡蛎顺利到达罗马的技术壮举。

沿着直线航行，科尔切斯特和罗马之间的最短距离是1500千米。一辆罗马四轮马车在陆地上行走平均要花50天时间，而50天后牡蛎肯定已经死了。

尽管船只有时会比双轮敞篷马车行走得快，但水路相比较而言更长——超过5000千米。就算有可能在波尔多卸货，再经由较短的陆路去往马赛（之后再将牡蛎装载上船），也要走上600千米的路。载有180名桨手的罗马大型战斗帆船能够以正常的速度前行，可是承载牡蛎的货船却永远无法达到那个速度。

巴亚炖鱼

下面这张食谱来自《阿比修斯》（*Apicius*），它是一套10卷的食谱集，在罗马帝国终结时结集成册的。尽管不明白何谓"海葵"，凭猜测它大概指的是沟迎风海葵（在西班牙指的是"ortiga"，一种油炸的餐前小食）。从烹饪方法上看，可以参考海胆的烹饪方法。原版食谱提议倒一些葡萄干酒（Passum），它是一种由葡萄干制成的甜葡萄酒。罗马人喜欢吃甜食，包括枣在内。

八人餐

橄榄油，用作煎炸	2汤匙鱼露
2根芹菜，剁碎	1枝迷迭香
⅔杯（150毫升）白葡萄酒或葡萄干酒	胡椒
⅔杯（150毫升）鱼汤	1茶匙孜然碎
50只贻贝，擦洗干净，去壳	4汤匙碎枣肉
25只牡蛎，擦洗干净	2汤匙新鲜芫荽叶碎
10只海葵	
½杯（50克）杏仁片，烘烤	

在深平底锅中用中火加热橄榄油，将芹菜煮软，大概需要2分钟。倒入葡萄干酒和鱼汤。煮沸后放入贻贝。再煮几分钟直到贻贝的壳张开，然后把锅从火上拿开。等锅凉了之后撬开牡蛎，保留汁水。用一把锋利的小刀将海葵切片，放入撬开的牡蛎中。等贻贝凉了去壳，放回鱼汤中。

往鱼汤里放烘烤过的杏仁片。把鱼露、迷迭香、胡椒和孜然碎当作调料，慢慢加热至沸腾，然后放入牡蛎和沟迎风海葵。放碎枣肉搅拌，最后撒上芫荽叶碎点缀。

罗马蚝油

纽约医学会存有一份从4世纪到5世纪早期的古罗马手稿。内容包括了一系列特色食谱，其史无前例地带领今人一览古罗马的厨房。

早期印刷本称这份手稿为"De re coquinaria"（"有关烹饪的话题"），它包含了一份制作罗马蚝油的食谱，与制作稀蛋黄酱的食谱惊人地相似。

这份食谱的译文使用了"独活草籽"（lovage seed）这个词，而在快做好时放入新鲜独活草也是可以的。

"将胡椒、独活草混在蛋黄里。每次滴几滴醋之后都要搅拌。接着，加橄榄油、鱼露、白葡萄酒和少量鱼汤。根据喜好加蜂蜜。把它们一起倒在牡蛎上。趁热上菜。"

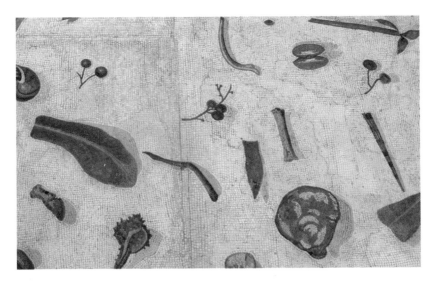

罗马人纵情宴乐。在这幅公元前2世纪的镶嵌画上，我们会发现未经打扫的地上有牡蛎壳的身影，这表明牡蛎在宴席中的重要地位。

约翰·莫瑞斯（John Morris）撰写了一本罗马伦敦史，《朗蒂尼亚姆》（*Londinium*），书中有如下注释：

> "不列颠牡蛎在罗马帝国统治早期就名声在外了……它们
> 多数产自罗马、伦敦附近。罗马的牡蛎很昂贵，12只就能掏走
> 工人一天工钱的一半。在欧洲，牡蛎不可能通过陆上运输，只
> 能通过海洋运输，从伦敦港直达罗马港是可行的。罗马只是无
> 数地中海城市 —— 那里的人爱吃牡蛎 —— 中的一座。"

运输仍然是个问题，当时的做法 —— 正如莫瑞斯概述的那样 ——
可能会给我们一个解释。海洋贸易由富人承揽，风险系数虽然高，但利
润也算优厚。这些大型帆船沿海岸航行，以防恶劣天气的侵袭。直到12

世纪，人们才发明出船舵，所以此时的船员仍然在用船橹引航。莫瑞斯建议多数海洋贸易最好集中在夏季展开，这样符合实际情况，不过对牡蛎捕捞员来说不合适，牡蛎的旺季是冬季。看来这些货物不会在一次航程中送达目的地。伦敦或许是航线的一端，这条航线从布列塔尼附近向外延伸，经过吉伦特（Gironde），一路到达塔霍河（Tagus），然后向地中海方向前进。在每一段路，托运的牡蛎都有可能在新的海域恢复新鲜，它们甚至会回到河口待上几周或几个月，再次经历催肥的过程，货仓填满后第一批牡蛎就可以运往下一个目的地了。

可能还有一种解释。一小批船员在航行过程中沿着海岸线做买卖，这时可能会用海水使牡蛎变得更新鲜。这样做的回报可能较大，但是牡蛎增重是不利于大批量托运的。相反，牡蛎混在较轻的货物中，它们对特定的客户来说可能就更加宝贵。

罗马人珍爱牡蛎，千里迢迢将它们送往自己的都邑。而他们对远道而来的任何奇珍异宝可能都会产生同样的感情，包括印度的丝绸，或者从非洲运来的大象和狮子。这些属于皇室贸易。返航运回来的陶罐、器皿、油和葡萄酒对准备勇闯西地中海、英吉利海峡、莫尔比昂海湾，以及比斯开湾的船长们来说也能卖上好价钱。

在不列颠，罗马人牢牢占据着卡纳芬、斯温西、加的夫和纽波特。他们把科尔切斯特作为根据地，在多尔切斯特、奇切斯特、里卡尔弗，以及泰晤士河口（这些都是牡蛎湾）建立军事要塞。这些地方不仅仅是殖民地。罗马人很在意将任何可能大量生产牡蛎的地域作为自己的殖民地和别墅区。在位于西尔切斯特的罗马军营中，人们挖掘出了100万片牡蛎壳。甚至在遥远的北部、哈德良长城那里也发现了牡蛎。

传说的谬误

这是艺术史上的一幅很有名的画作——桑德罗·波提切利（Sandro Botticelli）创作的
《维纳斯的诞生》（1482—1485年）。这幅画错误地描述了维纳斯站在扇贝壳上而不是
牡蛎壳上。

牡蛎与爱情和性有关，它还是一种催情剂，这个传说起源于古希腊的阿佛洛狄忒——希腊司职爱与性的女神（就是罗马神话中的维纳斯）。人们常常提到或描写她躺在牡蛎壳上，这已经成为大众神话的范本。几乎找不到比阿佛洛狄忒这样将爱与牡蛎联系到一起的、完美的守护神了。她拥有绝世之美的明眸和无数爱慕她的人，众多女祭司跟随左右，男人通过崇拜的方式深爱着她。只看她的出生就觉得意义非凡。据希腊诗人赫西奥德（活跃于公元前700年左右）所述，克罗诺斯推翻了父王乌拉诺斯（上帝之父）的统治并对后者施以宫刑，他将切断的生殖器丢进大海里，然后海水开始翻搅、泛起泡沫，阿佛洛狄忒从海浪中现身，她站在一片贝壳上。这则故事非常精彩，不幸的是许多绘画作品，例如波提且利的《维纳斯的诞生》却将维纳斯画成了站在扇贝壳上降临人间的女神。从这个方面看，艺术中的牡蛎传说并不忠实。

北部古道

　　北部轴心的界限比较模糊，却是有迹可循的，这里的遗址必定意义重大，尤其在黑暗时代或者之前的一段时期。奥克尼群岛可能是不列颠大陆的一部分，而直到1468年它才归苏格兰所有。在那之前奥克尼群岛由挪威管辖。基因研究显示，奥克尼岛民中超过三分之一的人有挪威血统。1102年，远在汉堡和约克的大主教试图向这座海岛索要教会权，但是被挪威的威廉大主教（William the Old）拒绝了。

　　奥克尼的历史比这个时期还要早3000年。从北部偏远村落的岩礁上开采出来的斯卡拉布雷（Skara Brae）的巨石和走廊、斯坦内斯（Stenness）的立石、梅萧韦古（Maeshowe）的墓穴，以及布罗德盖石圈（Ring of Brodgar）都证实了新石器时代社会的遗迹。

　　北部海岸有大量的牡蛎：从奥克尼附近的挪威，到达英格兰的西海岸，绕爱尔兰一圈，然后到达布列塔尼。这里也有语言联系。威尔士学者约翰·里斯（John Rhys）为西部人的语言创造了新的术语：布立呑语（Brython或Brythonic）——与盎格鲁撒克逊语形成对立，这些名称取自希腊文献里一个叫作"Prettanic"的国家。里斯依据后罗马时期的古典学术思路，认为牡蛎岛在文化和精神上都变得日益重要。当一大群游牧蛮夷横扫欧洲时，爱尔兰在5世纪变成了学习中心和基督教徒的天堂，让文学与学术的余烬持续发光至文艺复兴。抄写员和学者建造了大型的图书馆，他们将文字资料翻译成希腊文、拉丁文和盖尔语，并且自己和修道士一起作为虔诚的传教士外出传教。里斯认为他们说的是布立呑语，这种语言奠定了康沃尔语、威尔士语、布列塔尼语，以及凯尔特语的基础，它也是在奥克尼被发现的。考古学与牡蛎有关的联系，以及来自前罗马历史的证据通过溯源到数千年以前，都进一步肯定了里斯的理

在英国奥克尼的斯卡拉布雷的新石器时代遗址，人们发现了公元前3100年到前2450年的单间。屋舍中央有一座火炉，可以满足居住者烹饪和取暖的需求，四面墙上还凿了一些嵌入床。

论。罗马人对奥克尼有所耳闻，虽然不确定他们是否曾经住在那里，或许他们只是在那儿进行过贸易。他们称奥克尼为"奥凯德"（Orcades），这个衍生词不是来自拉丁语，而是来自布立吞语。

在黑暗时代，不列颠东海岸和欧洲大陆的联系显而易见。盎格鲁人、撒克逊人、丹麦人、荷兰人、诺曼底人等纷纷渡过北海。现在我们身边还留有这些交流的痕迹，这得感谢威廉三世。历史学家喜欢给这些交集披上征服、战争、抢掠和入侵的外衣，而从另一方面来说，这些活动很多时候可能较为被动，合作性较强。人们有了船自然会出于好奇心出海航行。然而，维京人向北进发有许多诱因，主要是为了躲避来自英吉利海峡的欧洲旋涡。他们在北大西洋能自由驰骋。维京人似乎还与丹麦达成了协议，让丹麦人对付英格兰人，而斯堪的纳维亚人则向北转移，再朝西海岸前进。

海上活动可能不受法律的约束，而船长是不会找那种令船只遭遇风险的港口的。黑暗时代的王子或将军最不希望与势均力敌的船队发生冲突，他可能会因此丢掉性命、王朝、遗产、权力，乃至整个国家。正如哈罗德（Harold）在黑斯廷斯发现的那样，战争可能会让你失去一切。战事必然会涉及砍杀和行刺、进攻和撤退、俘虏和逃跑。在不列颠，人们极少有为国家、民族而战的观念，即便他们不乏地理意识。做一切事情都是为了眼下。是诺曼底人为不列颠人带来了有关城池、私有土地和国家地位的概念。

维京人是欧洲部落最北端的一支争权夺利的部落。他们比挪威人提前获知大批（或许是散乱漂浮着的）西部牡蛎向南漂游的路线，于是他们在伸往地中海的水路上留下了清晰的标记作为路牌。虽然维京人看似没有将牡蛎视为适合男人吃的食物，但他们对牡蛎还是很了解的。一名叫作斯卡德拉根（Starkad）的战士批评了丹麦的英乔德国王（King Ingjald），因为他"煎熟了食物，还吃了牡蛎，这些事情不值得用维京人的方式来做"。

维京人因强奸和掠夺臭名昭著，他们从公元793年起开始袭击毫无防备的林迪斯法恩修道院（monasteries at Lindisfarne），然后是爱奥那岛（Iona），再后来是爱尔兰。有些宗教财物方便带走，维京人将它们拖回去融化掉，袭击所引发的愤怒更多是针对毫无防御力的基督教徒，他们成了入侵者暴行的对象。在黑暗时代作为生意人和殖民者的维京人可能更受重视，他们是后罗马、（甚至可能是）前罗马时期欧洲的中间商。他们似乎比其他民族更加飘浮不定。用爱尔兰木材造出的大艇遗迹尚存，即便维京人在发现都柏林这件事上有功，他们对殖民的观念明显与众不同。他们是不断迁移的商人，这一点很像腓尼基人。

碳定年法使得历史学家不得不再度考虑维京人的史前和（据此推测出的）整个北欧遗产。最近，在芬兰和瑞典交界处的托尔讷河谷，人们发现了一座可追溯至公元前9000年的殖民地遗址。2005年，在堪格福斯（Kangofors）附近又发现了出现在公元前8000年的遗址。20世纪80年代，在武奥勒里姆（Vuollerim）发现的石器时代定居点可追溯至公元前4000年。近年来在挪威福塞特姆（Forsetmoen）发现的7座锻铁炉可能是公元元年建造的，另外还发现了一堆在公元400年打造的手工艺品。

　　牡蛎就生长在这些纬度范围内。暂不考虑气候学家有关斯堪的纳维亚里维埃拉的课题，我们有更加简单、合理的解释。在遥远的北方，海水大多寒冷刺骨，它们汇聚在狭长、水浅的峡湾里。夏日的阳光在这里搭造了一张阳光床，陡坡上冰雪的反光可以增强光线，在陡坡上形成牡蛎理想的繁殖条件。挪威人称这些海湾为"polle"。在海岸周围，人们发现了石器时代和青铜时代的贝冢，到19世纪人们对牡蛎已经司空见惯。在17世纪，镇民代表安德斯·科克（Anders Kock）获得捕捞牡蛎权，条件是他必须将捕到的牡蛎献给皇室。

　　亚里斯蒂尔·莫夫特（Alistair Moffat）在《海洋王国》（*The Sea Kingdom*）中引述了具有说服力的证据，证明了这段几乎被世人遗忘，遥远而又古老的西部群落。他凝望着古堡的遗骸，例如穆尔（Mull）对面莫尔维恩湾（Morvern Bay）的阿德托尼什城堡（Ardtornish）、斯凯岛（Skye）上的邓韦根城堡（Dunvegan castle），以及位于巴拉岛（Barra）卡斯尔贝（Castlebay）的克斯木伊尔城堡（Kismuil），每座城堡都坐落在安全的海湾里，几乎与陆地隔绝。这些城堡有意建在远离陆地的地方，以防陆上进攻，这里方便船舰靠岸和停泊。亚里斯蒂尔想象有一座海上王国，从奥克尼附近的斯堪的纳维亚、苏格兰、曼岛、爱尔兰、康沃尔向外延伸，穿过布列塔尼，这座王国与上述庇护点相连。国民的官方语言依旧是盖尔语。

第二部分
旧世界

世界是我的牡蛎，我将用剑撬开它。

威廉·莎士比亚（William Shakespeare）
《温莎的风流娘儿们》（*The Merry Wives of Windsor*）

玻璃杯与牡蛎的静物画，扬·戴维斯·德·海姆（Jan Davidsz. de Heem），1640年。

不列颠群岛

法弗沙姆（Faversham）位于肯特郡泰晤士河河口，其名称来自拉丁词"faber"，意思是"锻造"，在日耳曼语中等同于"ham"，表示"家园"。罗马人叫它"Durolevum"，意为"海防要塞"。在古希腊和古罗马两个时代赐予法弗沙姆神圣之名可见其重要。

这座小镇的历史告诉我们，继罗马人之后，朱特人和撒克逊人作为雇佣兵来此保卫港口。他们喜欢上了这里并决意留下来。这儿的河流具有战略意义。法弗沙姆提供避风港，抵御来自英吉利海峡的风暴，这儿的深井可提供新鲜水源。早在8世纪，荷兰人就来到了这里，他们避难、做生意、定居、卖货、劫掠、走私，跟罗马人到此定居的原因相似。

1147年，斯蒂芬国王被葬在一座由他特许设立的修道院中，特许状上画有捕捞牡蛎的图样。早在此前，即930年，艾瑟尔斯坦（Athelstan）就在镇上召开了有关牡蛎的地方议会，暗示了牡蛎当时就得到了人们的重视。关于牡蛎，人们还知道它能当金属配件，尤其是能为造船业所用。当时造出的远洋轮船又叫彼得船，得名于圣彼得，而在设计和船体构造上则深受维京大帆船的启发，足见斯堪的纳维亚人的足迹已经到达了遥远的南方。即便不列颠与欧洲大陆的（有记载的）贸易随着罗马帝国的毁灭而崩塌，英吉利海峡的安全港（如法弗沙姆）在所谓的黑暗时代一样，依旧是蒸蒸日上，会集了各路商贾。

经常有人认为，在11世纪之前是没有人工培育的牡蛎的，那时的渔民只是从大海里捕捞大量的牡蛎，当一处牡蛎礁被捕尽后他们又会前往下一处。但这种可能性不大。罗马人必定知道应该如何培育牡蛎。

泰晤士河河口的自然特性也否定了这一想法。最大、最有名的英格兰本土牡蛎礁位于泰晤士河的入口处，沿着惠茨特布尔（Whitstable）和你品尝过惠茨特布尔的牡蛎吗？如果品尝过，那你一定会记得。肯特郡的一些海岸线很独特，能让惠茨特布尔的本土牡蛎长成全英格兰最大、最多汁、最娇嫩的牡蛎品种。

萨拉·沃特斯（Sarah Waters），《南茜的情史》（Tipping the Velvet）

法弗沙姆附近的北肯特海岸，越过科恩（Colne）、克劳奇（Crouch）、莫尔登（Maldon）、布莱克沃特（Blackwater）、罗奇（Roach）等溪流，再沿着艾塞克斯（Essex）海岸一直延伸出去。

但是艾塞克斯基本上无法自给自足。这儿的溪流连着泰晤士河，会将蚝卵冲到河里，除非在罗奇河上的港口帕格勒沙姆（Paglesham），那里有两条溪流围着福内斯岛（Foulness Island），能将蚝卵圈在内河，使那里成为一座天然的孵化点。而另几条潮溪则会将肯特郡牡蛎带到更远的地方生长，为之后在市场上出售做好准备。这个过程具体是从何时开始的不是很确定，但它由来已久，符合情理。如果我们接受牡蛎被运到罗马这一事实，就能推测出它们会一路上分阶段地被催肥和重新养殖。将牡蛎从一处礁床移到另一处礁床是轻而易举的事。

捕捞日

公元700年，撒克逊人所统治的英格兰的中部，其有记载的财富都来自三座未设防港口的航海业，这几座港口分别坐落在泰晤士河东南河口附近——奥德乌奇（Aldwych）的伦敦，萨福克（Suffolk）的伊普斯威奇（Ipswich），以及南安普敦，它们都称牡蛎床与当地的造船业息息相关。

到了8世纪，在诺曼底人统治这里之前，牡蛎从沿海向内地输送。这类贸易并未随着罗马人的撤离终止。部分原因是教堂坚持保留捕捞日，不仅会在大斋节（Lent），还会在星期五、星期六，有时还会在星期

布莱特林西的牡蛎捕捞工和牡蛎船，埃塞克斯，1928年。

三进行捕捞。当时的饮食研究记载，牡蛎在郊外是一道日常食物。捕捞日的规定被严格遵守了一千年，之后，大概是为了对这种实践作出回应，出现了一种特别的牡蛎配畜肉的英格兰烹饪方式——牡蛎搭配羊肉，或者和牛肉一起做成馅饼。牡蛎还会作为填馅被塞进童子鸡、火鸡，甚至鸭子的肚内，或者和猪肉一起制成腊肠——在17世纪左右刊登在第一批印刷刊物上，牡蛎开始崭露头角。相比其他食物，牡蛎在贸易阶层中占据着独特的地位。以下是一份来自伊普斯威奇的中世纪法令：

> "就牡蛎和贻贝经货船运至小镇码头出售一事，兹规定，为了富人和穷人的共同利益，这些贝类须由运送者亲自出售。镇民们不得违抗命令干涉此类买卖，违者将被没收所得牡蛎并处以40天拘留。"

小牛头肉与牡蛎

用畜肉搭配鱼肉（牡蛎），最早来自1653年出版的《正牌贵妇人的喜乐》（*A True Gentlewoman's Delight*）。伏牛花是一种巨酸的浆果，富含维生素C。当时，它被当成小檗属植物经常在园艺中心出售。在柠檬成为厨师的优先选择之前，伏牛花就出现在厨房里了，现在它仍然是波斯烹饪风格的特色之一（"Verjuyce"是一种酸性果汁，它由压榨成汁的酸果制成；可以往里添加柠檬、药草或香料，调节口味）。

首先，将水和盐放到一起煮，加入少许白葡萄酒或酸果汁（Verjuyce），煮得差不多时切几片牡蛎肉，与刚才做的配料混合到一起，削一两片豆蔻皮（Mace）进去，撒些胡椒粉和盐，滴几滴牡蛎汁，然后搅匀，浇在小片的小牛头肉上。在最上面放几只大个的牡蛎、切开口的柠檬和伏牛花，然后上菜。

当地的牡蛎货源得到保护以便供养当地的穷人。当牡蛎稀缺时，市民得先保证自己够吃，然后才会在小镇出售牡蛎。牡蛎并没有被视为真正的商品。鲱鱼被列入贸易清单，牡蛎则被看作教区的主要食物，给予区别对待。

皇室的赞助

在贸易方面，泰晤士港是通向欧洲的大门，其周边市镇想与不列颠的其他地区产生紧密联系几乎不可能实现，直到工业革命时期，随着殖民地的发展，西海岸的港口才被开辟出来。

从欧洲人的视角来看，英格兰的历史起始于英吉利海峡，即介于泰晤士河和欧洲岬角处的北海岸小镇之间。"牡蛎民族"是他们的船夫、使节和护卫。兴起的英格兰君主政权鼓励肯特港形成五港同盟——最初是

5座港口，后来又包括23座小镇和几条延伸到艾塞克斯布莱特林西的溪流。事情的缘起尚不明确。忏悔者爱德华（Edward the Confessor）赋予港口征税权和立法权，用以保护与诺曼底进行贸易的海上航线。作为回报，爱德华需要57艘船，每艘船上配备21名海员和1名男童，如果爱德华需要他们出海，每艘船每年要航行15天。这些远洋货轮会在近海岸和溪流沿岸处的牡蛎镇被建造。港口特许状由海军部签发。

12世纪，亨利二世授权马尔登自治权，不仅针对在其境内的河流，还针对绍森德（Southend）、利（Leigh）和哈德雷（Hadleigh）等通勤城镇，这些地方在12世纪伊始仍在繁殖牡蛎。

再往北看，伊普斯威奇——拥有费利克斯托（Felixstowe）和哈里奇（Harwich）两座港湾——有大量记录在案的法律，其中规定了商人的行为方式以及人们应当如何看待商人。在克拉克顿（Clacton）和弗林顿（Frinton）之间是"海上荷兰"（Holland-on-Sea），它位于大荷兰镇（Great Holland）的南边。如果像科尔切斯特那样的航海镇得以兴盛，那么相比之下在河对岸的阿姆斯特丹也能繁荣兴盛。

西默西（West Mersea）可谓是最早获得爱德华特许状的小镇了，可追溯至1046年。600多年后，即1687年，查理二世签发了第二张特许状，这次是为了给伦敦的卡尔特修道院（Charterhouse）医院提供病床。

与此类似，再往西看，同样的皇家特许在多塞特的阿伯茨伯里（Abbotsbury）出现。在这里的切西尔浅滩和波特兰（Portland）岩石上发现了属于史前时期的牡蛎壳遗址。卡纽特国王（King Canute）让仆役欧克负责掌舵环礁湖捕鱼船队，欧克毫不领情地评价道："船里除了鳗鱼、比目鱼和灰鲻鱼就没有其他鱼了，不过我倒是发现有不少牡蛎床。"

欧克转而将捕捞船的所有权交与妻子索拉，她后来将其遗赠给了当地的修道院。到了1427年，修道院院长要求对从他们所掌管的海域里捕获的鱼征税——对200只牡蛎征收2便士，对一只鲑鱼征收6便士。

1543年，亨利八世解散了修道院，准予他的一名骑士贾尔斯·斯特兰韦斯（Sir Giles Strangways）用1000英镑购买多塞特这块地皮。亨利八世的子孙后代仍然生活在那里。

在科尔切斯特的善举

早在7世纪，科尔切斯特就是一座闻名遐迩的市镇了，但这个市镇需要保护。9世纪，来自萨里（Surrey）、肯特和艾塞克斯的士兵被迫进军科尔切斯特，将它从以打劫为生的丹麦人那里夺了回来。就在100年之后，科尔切斯特变得富足并拥有了自己的铸币厂。

根据理查德一世在1189年签发的特许状，科恩被毗邻的科尔切斯特公司管控。不过，这张特许状上提到的是理查德一世祖父亨利的名字，所以这座小镇可能在100年前就地位显赫了。公司利用这份特许状保护自身利益，尤其是渔民的权益。科尔切斯特的牡蛎名声远扬，它们生活的礁床在更往南一些的地方，在威文霍（Wivenhoe）、布莱特林西和西默西的近海平地附近。小镇没有理由放弃这些地方。科尔切斯特要求所有牡蛎必须在海斯（Hythe）的码头市集贩卖。如果有人在其他地方贩卖，或者将牡蛎卖给市集之外的任何人，哪怕是在自己生活的村庄里贩卖也会被关禁闭，捕鱼船会被扣留。早在1200年，法庭上就出现了有关船只非法托运羊毛或不准优先出售给小镇居民的走私品的案件。

但是这些违规者在管理上可谓深谋远虑。他们看起来具有保护意识，心怀善意：他们规定从复活节到圣十字架日（9月14日）这段时间为禁渔期；对捕捞牡蛎的人颁发许可证并登记在案；他们要求，只有当牡蛎首先足以供应科尔切斯特的居民时才能卖给伦敦。"这一规定极大地缓解了捕捞的压力。"随着时间的推移，他们进一步对渔业实施保护：不允许船只载员超过2名，或采捞量超过现有标准；夏季，拖捞网只能放进桅杆和风帆不超2米的捕鱼船；渔民须分拣打捞回来的海鲜，将所

科尔切斯特牡蛎宴的准备工作，10月20日，1896年。

有幼虫、未成年的牡蛎放生；捕捞许可证上要求礁床必须远离海星和带刺生物这类捕食者。如果这里没有发达的水产养殖业，至少就不会有大量证据可以证明这里早期存在先进的畜牧业。

快乐的居民

对中世纪的渔民、商贾和互济会成员而言，聚在一起畅饮宴乐是一项古老的活动。牡蛎由此获得了社会地位。在科尔切斯特，小镇账簿被偷偷作假，这样是为了确保用公款购买的酒食的确切数目不会在账薄里出现。

当地历史学家格尼·伯纳姆（Gurney Burnham）于1893年10月写道："过去，精明的小镇记账员会将公司各事项的记录编在一起，外人不会怀疑小镇几乎所有的收入都花在了吃喝上面。"

小镇在10月9日有赶集活动，这项传统是从1318年开始的，目前科尔切斯特牡蛎市集依旧如火如荼。这不是单纯地举办宴席。8月，在年度执行官和市长选举会上，人们会花公款摆宴，新当选的市长需要在9月底举办庆典晚宴。有为季度法庭、地方法官、审计（一年两次）、渔场开业和关停而准备的宴席，还有野味宴、补助宴，在公共假期和皇室节日，以及在季度俸薪日（租户收到租金的日子）那天举办的宴席。到1520年，科尔切斯特已有各类为牡蛎商和居民举办的宴会，牡蛎公司全部的实收账款基本上都拿来招待宴饮了。1563年，市长试图抑制资金的流动，于是命令今后的选举宴会一次性花费不应超过40先令，法庭宴会不超过20先令，俸薪宴会不超过10先令。账簿上保留了菜肴丰盛的菜单，至少是能够支付得起食材的费用——这些食材常常是居民自家提供的。以下是1617年居民的购物清单：

6块西冷牛排，20先令

5头肥猪，3先令6便士

牛排、麦芽啤酒和牡蛎

下面这份食谱改良自维多利亚时期的古典烹饪法，通常会做成馅料与胡萝卜、豌豆搭配一起吃。这道菜可以和面糊一起做，或者蒙上箔纸烘烤。

四人餐

2汤匙黄油	面粉（撒在食物上面）
3个洋葱，去皮，均匀剁碎	盐和胡椒
3根胡萝卜，去皮，均匀剁碎	2杯（500毫升）司陶特、黑啤或波特啤酒
1千克肋眼牛排，随意地剁碎	8只牡蛎，擦洗干净

提前加热烤箱，让温度达到180摄氏度。在焙盘里融化黄油，用中火焖洋葱和胡萝卜。在牛肉上撒加了盐和胡椒的面粉，放进蔬菜里。倒入啤酒，如有需要加满水。拿到火上煨，盖上盖子，然后在烤箱里加热3.5小时，或者加热到牛肉散开。

如果要做馅料，需要在撒了面粉的案板上擀平面团，让厚度达到¼英寸（1厘米），大小比馅饼盘稍大一些。把牛肉和炖热的司陶特倒进盘子里。剥去牡蛎壳，将它们放到炖熟的馅料上。用箔纸盖住盘子，烘烤40分钟。如果你想制作馅饼盖，可以在馅饼盘的边沿刷上一层蛋液。小心地将面糊放在盘子上，把它的边沿整理平整，用叉子拧出"裙褶"并捏紧，在烘焙之前用蛋液涂刷一下馅饼的表层。

马背上的天使

今天，所谓的"裹着毯子的猪仔"指的是面包里的热狗或腊肠，这是新出的菜式。一个世纪之前，"猪"是指牡蛎——因此法语中就出现了一个词"huitres aux lit"（躺在床上的牡蛎）。原本，这道菜名是"马背上的天使"——丝毫没用面糊，极尽奢侈。它选用汁水饱满的牡蛎，或至少是根据牡蛎的个头搭配培根，这样做是为了让菜品显得平整。

然后，将包好的牡蛎放回牡蛎壳中，上菜。

四人餐前菜

12只牡蛎，擦洗干净	在烤锅里撒一层盐
12片培根	1个柠檬

先加热烤锅。为牡蛎去壳。将培根烤至半熟，这样比较柔软，方便操作。夹走烤锅里的培根，往锅里铺一层盐（约1厘米厚）。将每片培根裹一个牡蛎，插上牙签固定。将裹好的牡蛎放到盐层上，再烤2～3分钟，直到烤出汁水来。放上柠檬角，趁热上菜。

6对兔子，6先令

4桶啤酒，32先令。

有时，账薄中会隐晦地提到购买牡蛎，例如，将这件事写成"河里的两只游物"，运输"总是成本很高"。尽管可以伪造账目，但总会出现纰露。有一次，派一个人和一匹马去布莱特林西买牡蛎就花去了4先令；又有一次，托运同样数量的牡蛎竟然花掉了60先令。

在1645年的宴会上居民买了：

煮熟的鱼，3先令

生牡蛎，6先令

炖牡蛎，4先令

牡蛎馅饼，5先令。

公司向来出手阔绰，翻阅千禧年的礼物（一直都是牡蛎）备注，可以发现公司送给法院、国王和大臣的牡蛎数量是巨大的。审判只需要在切姆斯福德（Chelmsford）进行，法官就能拿到一两篮子的牡蛎。亨利八世带着当地产的牡蛎去加来（Calais）与查理五世皇帝会面。

人们发现了一个收入源源不断的自由社会。到17世纪时，科尔切斯特——大概是一座类似于荷兰的城市——已经十分富庶。当年旅游作家西利亚·法因斯（Celia Fiennes）怀有敬意地做出如下描写：

"这是一座大城镇……那里有条长长宽宽的街道，需要很长一段时间才能走到桥边，差不多有1.6千米的距离。在道路中央又分岔出一条宽阔的街道，长度和前面这条相当，街上有市集中心、市镇集会所，还有一座像露天货摊的长形建筑，小贩将货物堆放在这里出售。大量货物在这里加工并打包送往伦敦。整座城镇的人们忙着纺织、洗晒货物、染色，看起来十分辛劳。根据这里密集的房屋可以判断出，这座城镇人气很旺，生意兴隆。"

法律溶于水

对海域的所有权和管理复杂多样，令人烦恼，2000年来从未彻底得到解决。人们争抢的土地所有权最终被有形的墙和围栏划清，而几米，甚至几厘米的海域都足以在占有权上挑起无休无止的纷争。

盘根错节的法律条文约束着海域、河口、海岸，水下领土及其产物的"所有权"。艾塞克斯的贸易商未曾想过要在夏天利用发达的造船业对其他河口发动进攻以寻找牡蛎幼虫，尽管他们也需要保护自己的河流不受野蛮的肯特人、法兰西和荷兰船只的侵袭。

牡蛎甚至在法律中也与众不同。它不像其他鱼类那样能游动，当一块适宜牡蛎生长的新堤岸被发现时，就会引来希望获得意外收获的外来养殖者。但是同样地，牡蛎并非总能在这些地方尽如人意地生长，所以当时买下牡蛎多产的地段的地主会发现，几年之后这里的牡蛎竟然消失了，它们转移到了下游。

法律在几个世纪里进行了细微的修订，可视作为既得利益者争取收成，而当律师设法解决自己不甚明白的问题时，法律变得匪夷所思。一项决议认为，人是不能偷窃牡蛎的，除非牡蛎身上贴了价签，那样他便知道自己是在偷窃。另一条法庭判决是，偷牡蛎不算盗窃罪，因为牡蛎没有受到伤害，而是即将去往一户更好的家庭。能判轻罪的情形足以列成一张清单：渔民被指控在夏天采捞牡蛎；渔民乘坐的是小帆船而不是划艇；在溪流里打桩标出特别的礁床；贩卖蚝卵给外地商人；出口牡蛎尤其是出口给佛兰德斯人；威胁执行官，甚至市长。不过，牡蛎偷盗者

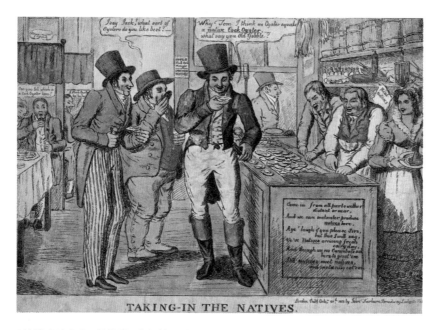

"接纳当地人",是约翰·费尔伯恩(John Fairburn)在1823年创作的一幅漫画。画的是一个纨绔子弟在一家商店的柜台前品尝牡蛎。身穿黄色外套的男人问他:"杰克!你最爱吃哪种牡蛎啊?"身穿蓝色外套的主角回答:"汤姆,这还用问!会有什么比得上咱们的雄牡蛎呢。你说呢,老饕?"

为自己提供了强硬的辩护,他们向东默西(East Mersea)地方法官声称,自己的冒犯行为是在法院管辖权之外做出的——后来他们被无罪释放。

　　尽管国王或议会能证明自己对海滨享有占有权,却不能否认渔民历来对特定海域的所有权,按照某个遗失很久的协议,他们可能会永远享有这些权利。海洋在普通法里被规定为是公共领域,所以捕鱼被庄严地载入了《大宪章》(Magna Carta)之中。捕鱼活动向全民开放。数个世纪之后,在1886年,一家皇家委员会成立,负责考量蚝卵所有权的问题,这些蚝卵可能在海里四处漂游,越过所有者管辖的海域。盎格鲁撒克逊国王卡纽特（他曾虔诚地表示过自己无法力挽狂澜）被证明是正确的：他的王国的确在海边停止了扩张，他自己及其继位者可能都无法控制这波受法律约束的"潮流"。

直到今天，牡蛎在法律上仍然被视为野生，拥有牡蛎床或历来享有牡蛎捕捞权都不算是对牡蛎的所有权。从理论上讲，如果牡蛎永久附着在海床上，那它可以被视为海洋地产的一部分，可以划归某人所有。但是总会遇到争议：有人认为，牡蛎不是附着在公共领域而是附着于另一只牡蛎上，因此它属于"动产"，是任何希望采捞到牡蛎的人的所有物。

在1993年，一名法律顾问被问及对"捕捞野生牡蛎"的法律义务有何见解时，他是这么回答的：

"在普通法律中，对于牡蛎所有权（与捕捞权不同）似乎还有些不确定性，这取决于它们在多大程度上被视为附着于土壤的下层，用法律术语来说是指加入土壤表层。"

走私和黑市经济

18世纪初，惠茨特布尔的小渔船用于走私贸易。与其说它是一种黑市经济，不如说是一种发展成熟的替代性经济。牡蛎捕捞工不惜用自己的渔船经营这类非法交易。

恶意提高为法兰西战争支付的税费使得商品价格奇高，在市场上较难找寻。人们纷纷来到荷兰（现在的弗利辛恩）、法兰西的加来、布伦（Boulogne）、迪耶普（Dieppe）、敦刻尔克（Dunkirk）、南特（Nantes）、洛里昂（Lorient）和勒阿弗尔（Le Havre），他们急于通过正式或非正式的方式向周围人兜售禁运品。在海峡群岛（Channel Islands）上，贸易是不受限制的。1767年之前，群岛一直作为中途转运站，之后不列颠政府登上海岛，征收关税。法兰西对此做出了反应：将一座名不见经传且较少有人登临的罗斯科夫（Roscoff）港口发展成了一座囤货中心，以便向德文郡（Devon）和康沃尔郡供货。几年内，港口从满是村屋的定居点渐渐变成了拥有高大房屋和大型商店的市镇，来自英格兰、苏格兰、爱尔兰和格恩西岛（Guernsey）的移民经营着这些商店——从他们所处的地理位置上看，可以算作牡蛎商人。

走私商需要用背包运送牡蛎。在港口，他们无法将非法的大件物品分开，海关能看到他们的一举一动。他们需要快速地分销货物——捕捞牡蛎的小渔船这种交易对他们而言很熟悉，并能顺利地适应。分销能赚到更多的钱。有些走私商基本不用横渡英吉利海峡，他们发挥娴熟的驾船技巧，在过往的船只附近盘旋，拿走小批量的烟草、朗姆酒或茶叶。有时他们会在河口外几千米外修造船筏，用来储存走私品，用充了气的气囊和羽毛做标记，然后凭着对海流的了解让走私品不动声色地漂浮在海上，过海关时，货物不会被发现，几个小时后他们再从低潮处的溪流那儿安全地取走货品。

一到法弗沙姆，丹尼尔·笛福（Daniel Defoe）就写下了一段话，以下收录在《不列颠全岛纪游》（1824—1826年）中：

> "这儿除了臭名昭著的走私贸易，我不知道这座小镇还会因为其他什么原因闻名，走私活动有一部分是在荷兰人的帮助下进行的，交易地点在牡蛎捕捞船上……这一带的人做事手到擒来，靠着罪恶的买卖发家致富。"

法弗沙姆的牡蛎是在夜深人静时被送出去的。如果牡蛎丰收，一定是养殖户表现出色。法弗沙姆的牡蛎养殖户垄断了当地的渔业，子承父业这种方式至少可以追溯到小镇获得特许证的那一年。在收成好的年份，他们赚得也多，这从当地许多建筑物中可见一斑。1703年，1瓦什

比林斯盖特（Billingsgate）鱼市

亨利·梅休（Henry Mayhew）撰写过19世纪伦敦街市生活的编年史，上面记载了买卖牡蛎是这座城市的一种古老贸易。人们来到停靠在比林斯盖特的小渔船上购买牡蛎，或者商人沿街叫卖牡蛎：

"果蔬摊贩给沿着码头停泊的一长排牡蛎捕捞船取了个昵称——'牡蛎街'：望着缠绕在一起的绳索和桅杆，感觉小船会和蜂拥到甲板上的男男女女一起沉下去。展现在人们眼前的是一片繁忙景象。每艘渔船都有黑色的标价牌，鱼贩系着白色围裙在'店里'来回走动，每块甲板上都有一只明亮的白蜡罐和锡制餐盘，以及鱼贩吃剩的早餐……船舱里有个搬运工用铲子敲打着牡蛎壳，身体随之上下晃动。船舱里满地是牡蛎——灰暗的牡蛎壳和沙子铺在船板上。在它们上面、船舱的中央，堆起了一小座牡蛎壳堆（相当于1蒲式耳的量）。"

一些小酒馆的吧台免费提供牡蛎，为了让顾客多饮些酒。牡蛎与石灰混合，作为隔热材料用在地板中，为建造伦敦市贡献了一分力量。

托马斯·罗兰森（Thomas Rowlandson）
比林斯盖特鱼市，1808年。

69

（wash），即¼盆（tub）的牡蛎能卖到3英镑，航程顺利的话一艘船可以运回120瓦什的牡蛎。荷兰人付的价格最高，荷兰货币并不总要缴税。

牡蛎也会变成赃物。乔治四世试图通过一项法律"规定任何偷幼蚝的人应当被视为犯有盗窃罪"。在1814年，艾塞克斯的渔民被指控从奇切斯特港湾偷了3加仑的蚝卵。当他到达科尔切斯特附近时再将这些蚝卵放下。他拒绝支付10英镑的罚款，而是选择上诉，上议院最终撤销了本案，理由是"这位渔民的目的不是要损毁牡蛎，而是要保护它们"。

偷运成了当时的一种生活方式。1768年，居住在瑟堡（Cherbourg）的一户人家在一个月内用英格兰渔船偷运了200加仑的白兰地。如果感到有被抓的危险，偷运者就会在船边挂一只小桶，桶上拴一盏灯笼暗示稍后回来取货。一旦上岸，惠茨特布尔镇的居民会心安理得地开始行骗。这座港口还是一处繁忙的运煤点，许多拉煤手推车的底部会装有一个暗层，方便在内陆转运走私品。

茶叶因其所含的高税费成了宝贵的走私品。交易鸵鸟毛也能获利丰厚。有时，据说肯特郡非法贩运来的杜松子酒泛滥，村民们用它来擦窗子。只要能瞒过海关就行。

有些牡蛎床位于遥远的海域，为走私提供了理想的条件。萨福克郡的牛津每周会迎来奥尔德堡（Aldeburgh）海关和搜查官的两次巡检。直到1856年，一艘本地渔船的舵手才观察到，对到访时间仔细计算一番，他可以花两天时间待在牛津港，先卸载即将运来的货物——可能是葡萄酒——然后装载一批准备向欧洲大陆出口的新货。牛津的战舰（King's Head）曾用作霍斯利湾监狱（Hollesley Bay）的货仓。现在，"霍斯利"象征着男人的开放式监狱。

内陆的牡蛎被带到遥远的地方。1771年到1841年，在普勒斯顿（Preston）有人开了一家名叫"牡蛎与干豌豆"的俱乐部。这里原先是12名托利党和一名当地男教师聚会的场所，他们在一起聊牡蛎、港口和

腌牡蛎

就算在古英格兰，下面这份烹饪指南也容易理解。调料可能比较昂贵。资料来自1615年的《新编烹饪指南》（ *New Booke of Cookerie* ）：

腌制牡蛎

将几只大个牡蛎去壳，保留汁水，将它们倒进陶土瓦罐里蒸：加半品脱（约285毫升）白葡萄酒和半品脱白醋，放胡椒和姜丝。放两三瓣丁香一起煮，一会儿再放牡蛎，煮两三分钟，别煮太老。然后将牡蛎拿出来，等其余的菜变凉后再放牡蛎，这样就做好了。

50多年后，出现了一份名为"成功女性在保存、疗愈、美容和烹饪方面的乐趣，1675"的食谱，里面介绍了在桶里腌制牡蛎保存至夏天再品鲜的经过：

桶腌牡蛎

撬开牡蛎，倒出里面的汁水，在汁水中加入适量的上乘白葡萄酒醋，撒一点盐和胡椒；然后将牡蛎放进小桶，把刚才做的腌汁灌进去，这样能让牡蛎保持6个月的甜香，口感自然。

19世纪早期的版画，缉私船队正在追捕一艘走私船。

豌豆，显然还相互说了些粗俗的段子——不幸的是，当时《普勒斯顿报》（*Preston Gazette*）认为这些段子过于粗俗，不宜刊登。也许这些路线也让走私货轻松地越过了国界。

保卫英格兰烹饪

英格兰烹饪花样繁多。詹姆斯·伍德福德（James Woodforde）是18世纪末诺福克（Norfolk）威斯顿朗韦尔的一名牧师，他在日记中写道，自己在1788年的圣诞节款待了教区的7名穷苦单身汉，请他们吃了"烤牛肉和布丁——餐后让他们每人喝了一品脱的烈性啤酒"。但是，当这位牧师和朋友在一起时就会滚出酒桶来款待他们。1790年1月1日他准备了一桌八人宴，菜肴包括"蚝油酱拌鳎鱼、豌豆汤、火腿肉拌鸡肉、酸豆羊腿，烤火鸡肉、油炸兔肉、腌野猪肉、挞和肉馅饼等"。

牡蛎在酒馆、客栈和大饭店的大锅菜里是一道特色，通常放在壳上上菜。位于伦敦东区、利物浦街车站的酒馆Dirty Dicks声称自己是最古老的牡蛎餐馆，建于1648年，尽管它已丧失了历史感。

通常，人们认为牡蛎司陶特最早是出现在当时的伦敦客栈里。流行的观点认为，"牡蛎司陶特"不是一款酒饮的名称，而是小酿酒厂成功地将牡蛎甚至牡蛎壳放进了麦芽浆里，在郊区的酿酒厂，往麦芽酒里加入更多精华被视为合理的尝试。另一种可信度较高的酿酒技术是利用压碎的牡蛎壳过滤啤酒。

"司陶特"这一名称来自中古英语"estout"，词源来自法语和德语。健力士黑啤偶尔会用它和牡蛎的搭配宣传自己——"健力士，让牡蛎乖乖地从壳子里爬出来"。马斯顿（Marstons）酿造了一款上乘啤酒"牡蛎司陶特"，不过酒里并没有牡蛎。牡蛎麦芽酒可能是为那些一边喝酒、一边品尝吧台零食——新鲜牡蛎的人而设计的。

许多餐馆最开始时是牡蛎吧，至今仍然营业。威尔顿饭店（Wiltons），现在位于伦敦的杰明街（Jermyn Street），原先是在瑞德大街（Great Ryder Street），它自称是在1742年开业的，从乔治三世统治时期算起，两百年来它一直为白金汉宫供应牡蛎。

伦敦最富英格兰特色的餐馆——Rules in Maiden Lane，最初是一家牡蛎馆和鱼铺，建造于1798年。"甜苹果"（Sweetings）似乎也是从牡蛎货栈开始经营的，之后在1840年正式成为一家饭馆。1856年，惠茨特布尔是由名为"巴布斯"（Bubbles）牡蛎养殖场的船长建立的，在1924年搬到了康普顿老街（Old Compton Street）的苏活区，然后被改造成第一批连锁饭店。接下来，Sheekeys和Bentleys分别在1896年和1916年相继开业。

中世纪宴会常常会遇到让人眼花缭乱的食谱——包括牡蛎配卷心菜和炸云雀、牡蛎配炸蛙腿等。人们还经常用牡蛎制作布丁。甜酥面包里塞进白灼牡蛎、培根、洋葱和欧芹，然后蒸熟。牡蛎熬制的高汤混合着细香葱和欧芹，用面粉和黄油增稠以熬成肉汁。还有牛肉牡蛎馅饼。回顾过往，畜肉和鱼肉的搭配似乎是为了庆祝捕捞日的结束而准备的，或许这样吃是为了规避教会的饮食规训——规训认为，如果没有人检查牡蛎馅饼里还有牛肉，那么这种馅饼也是被允许的。

美国人采取的另一种方法是，在面包卷或者长条面包的中间挖个洞，（有时会）塞进一些稀有的牡蛎什锦——牡蛎是用奶油、麦芽酒或葡萄酒煮过的，搭配小羊或小牛的胸腺或其他小块动物内脏、黄油和洋葱，然后将面包放进烤箱烘烤。这种食物很像馅饼和焖罐，它可能最早出现在面包房和厨具店里，方便烘焙师傅将没卖完的面包用掉。

马克·皮埃尔-怀特（Marco Pierre-White）在伦敦的米拉贝尔大饭店（Mirabelle）当厨师，他用牡蛎修炼自己的厨艺，烹制出一道简单、精致的菜肴：他将洗净的牡蛎壳并排放在白灼菠菜旁边；用苏玳贵腐酒和明胶稍微煮一会儿牡蛎，等外壳变凉再浇上鲜奶油和鱼子酱。这份牡蛎食谱堪称世界一流。

托马斯·奥斯丁中世纪蚝油

这份中世纪食谱出现于1440年前后，1888年被托马斯·奥斯丁（Thomas Austin）誊抄下来。不论从原本的形式还是结构上看，这份食谱都便于我们理解和参考。

"抓一把杏仁，放进葡萄酒和鱼汤里，放在火上加热，撒一些丁香、豆蔻皮、糖、姜末，以及切碎的欧芹和牡蛎肉；然后取出牡蛎肉和欧芹，把它们放进水里煮软；之后就可以上菜了。"

羊肩肉烤牡蛎

1696年出版的《女人的全责》（The Whole Duty of a Woman）提到，在篝火上烤老羊时要用一种托盘接从羊肉里滴出来的油。人们可能会把羊肚子剖开，往里面塞牡蛎肉，然后缝合。

"把大小适中、饱满的牡蛎和香（药）草一起塞进羊肚子里，快火烤，往上面浇黄油，接住肉里滴下来的油。分离脂肪，做成酱汁，往酱汁里倒一些干红葡萄酒，撒上胡椒粉和肉豆蔻末，然后把从羊肚子里取出的牡蛎铺好，用欧芹和若干柠檬片点缀。上菜！"

满肚子的蚝卵和尼波京小酒杯

在泰晤士，牡蛎有诸多引以为傲的拟声行话："whitesick"指繁殖，"hockley"指张开的牡蛎壳，"curdley"指满肚子的蚝卵。"Grandmother""clod"或"dumpy"都指身体欠安。"Bungalows"指牡蛎床上的一簇簇帽贝。"chitters"和"nuns"指藤壶。"blubber"和"pissers"指的是海鞘。

渔船也有自己的名字。大平底船是泰晤士河附近用来装载货物的船型。在惠茨特布尔这类船通常叫作小渔船，但是有两种船型。船载小艇中有一种用来走私货物，另一种用来捕捞牡蛎。小艇有一面主帆、上桅帆、前桅帆和船首三角帆。就算使用引擎之后，小艇的船长也常常偏爱借助一只帆乘风破浪。他们不用舵柄，任由渔船漂浮，船上的疏浚机会撤去牡蛎礁上的浮物。如果船顺着海潮的方向前进，船后系的渔网就能轻松捕到更多的牡蛎，"像是从牛奶中提取乳脂那样简单"。

比较令人困惑的是，应该用什么词描述捕捞重量——可能得谨慎一些。丰富的方言暗示出港口腹地所采用的一类花招和骗术。18世纪30年代，议会经过一番查问发现，从比林斯盖特鱼市使用的状况来看，温切斯特蒲式耳（Winchester bushel）还不到1牡蛎蒲式耳的⅓。同时，1阿姆斯特丹磅重比1英格兰磅要重1.5盎司（40克）。

术语从来不乏智慧。购买泰晤士河蚝卵时所用的计量单位是盆，相当于蒲式耳，重达21加仑1夸脱0.5品脱。还用瓦什（wash），即¼盆计量。牡蛎捕捞者将蚝卵卖给养殖户时会用到这个单位。而到了后来瓦什又等于配克，而尼波京小酒杯等于¹⁄₁₆盆，1提桶又等于⅓瓦什或1.5盆。这种买卖只适合做事细心或专业的人：为了留住这种工作，19世纪初，艾赛克斯牡蛎捕捞者开设了七年制学徒班——早期的一种招纳特定工会会员的协会，保证牡蛎生意由家庭成员经营。

从批发到零售，计量术语不尽相同。商人在牡蛎篮子上插上植物的

戴着圆顶高帽的牡蛎商贩在卖克利索普斯牡蛎（Cleethorpes），兰开夏郡（Lancashire），英国，约1900年。

皮刺并盖章来表示半盆的量。但是在温彻斯特和汉普郡，术语又有所不同，例如，他们将2夸脱定为半加仑（pottle），之后夸脱较普遍地用在果蔬计量上面。"中号桶"（tierce）一词借用于葡萄酒贸易，代表42加仑。在比林斯盖特鱼市，所有鱼类都以"两"（tale）计量，除了鲑鱼按重量，牡蛎和贝类按尺寸卖。

甚至在今天，捕到牡蛎后究竟用吨还是用蒲式耳分类，仍然很容易产生误会。环境学家会用宽度（英寸）确定牡蛎的大小，而在现实中牡蛎是按个卖的。

卖牡蛎的小姐

　　塞缪尔·约翰逊（Samuel Johnson）在1755年写的《英语词典》（*A Dictionary of the English Language*）把"卖牡蛎的小姐"解释为名声败坏的人，所有早期字典都将性和牡蛎联系到一起。这种下流铜版印刷物所提到的"Molly Milton"（莫莉·米尔顿）很可能是指一种叫作"米尔顿"的南海岸珍贵牡蛎。某位乔丹夫人在伦敦花园里吟唱着一首流行歌曲："有位伶俐的小姐，初次来到格洛斯特小镇（Gloucester）；她靠叫卖米尔顿牡蛎谋生。"曲谱委托卡林顿·鲍尔斯（Carington Bowles）出版，他专职画粗俗漫画。

　　此时，牡蛎小姐的名声已根深蒂固。另一首音乐厅经典曲目已经过时，它最初很可能来自爱尔兰。这首歌有时算作伦敦歌曲，有时算作曼彻斯特歌曲，归属地可能会随着演唱地点的变化而改变。曲谱看似是在1794年首次刊印的，取名叫"尝鲜牡蛎"（The Eating of Oysters），出版人是苏格兰斯特灵的兰德尔（M. Randall），歌词被不断改动。

> "我在伦敦街道上漫步，碰巧遇见一位靓妞在卖牡蛎。
> 我提起她的篮子朝里看一看，确定是否还剩下些牡蛎。
> '卖牡蛎、卖牡蛎，来买牡蛎咯！'她喊道，'这里有您从未见过的上好牡蛎，
> 价钱一便士三只，不过我要免费送给你，因为我看得出你爱牡蛎。'
> '老板，老板，老板，'我说，'你在附近有空屋吗？
> 在那里，我能和你躺下来，为篮子里的牡蛎谈谈价。'
> 我们在楼上的时间不超过一刻钟，
> 那个漂亮小妞就打开了门，
> 拿走了我的钱，然后她提着那篮牡蛎离开了。"

　　像这种欢腾曲风的曲谱在1820年出现了印刷版，就连相距遥远的阿伯丁（Aberdeen）、萨默塞特（Somerset）、北卡罗来纳（North Carolina）也能看到这类曲谱，歌名有时叫"有篮牡蛎"、"有篮鸡蛋"，或"待在她篮子里的鸡蛋"，其他版本的曲谱则是为合唱准备的。作为骗子的牡蛎小姐的坏名声就这样形成了。

招徕生意——莫莉·米尔顿,《卖牡蛎的靓妞》,1788年。

性与风俗

在英格兰和苏格兰，会有年轻姑娘沿街叫卖货物。但是牡蛎交易并不体面。衣服会沾到污物。手会被坚硬的贝壳划伤。牡蛎的气味也不好闻。希尔（Hill）和亚当森（Adamson）早期（约在19世纪40年代）在福斯湾（Firth of Forth）拍摄了一些渔妇的相片，她们用披巾和围裙包着牡蛎，穿着齐膝条纹裙，厚长筒袜，头上缠着白色的包头巾，围着围脖，腰上挂着双层亚麻条纹网篮。考虑到这些原因，想必采集牡蛎的姑娘不会行为不端，就算有想法也不可能。

看似令人不解的是，即便如此，吃牡蛎竟然能成为时尚活动。它们都不能算吃起来特别体面的食物（从壳里剥出生牡蛎吃下肚），看似与"维多利亚"时代的古板观念格格不入。美国社交手册上说，篮子应当像唾盂那样放在客人身边，这样客人就能将空壳丢进篮子里，还应该有一条在吃牡蛎时专用的厚毛巾。同样地，英格兰中部地区的家庭建议，只能在晚上仆役下班的时间吃牡蛎，吃牡蛎这件事本身就会成为谈资，另外，绅士们还应该喂伴侣吃牡蛎。

人们在过去十年发现，说牡蛎与性欲有关是有科学依据的。牡蛎含有多巴胺——一种神经递质，服用后可加快心跳频率。2005年，乔治·费舍尔（George Fisher），佛罗里达迈阿密贝瑞大学的化学系教授指出，牡蛎及其他贝类富含氨基酸，能增加性腺激素D天门冬氨酸和N-甲基天冬氨酸（NMDA）的含量。

> 我们发现了软体动物的催欲特性背后的科学根据。我为此感到震惊。几个世纪以来，迷信告诉我们食用生的软体动物——尤其是牡蛎——会刺激性欲，但是没有科学证据解释这种现象为何会发生，以及证明是否已经出现。我们认为，这是对某种物质提供的第一份科学证明。上文提到的氨基酸并非

大卫·奥克塔维厄斯·希尔（David Octavius Hill）和罗伯特·亚当森（Robert Adamson），《采牡蛎的渔妇》（*Oyster Woman*），1843—1847年。

大自然母亲所采用的常规氨基酸。你们不可能在卖维生素的店里发现它们。

苏格兰

苏格兰的牡蛎史与艾塞克斯的一样古老。罗马人也会吃苏格兰牡蛎，早期提到过他们在波尔多品尝牡蛎的事情。约翰·贝伦敦（John Bellenden）在1529年写道："在福斯湾也能捕到大量的牡蛎。"据郊区志记载，牡蛎作为小农场佃农上缴的租金，他们每个月向地主缴纳40～500只牡蛎不等。爱丁堡的牡蛎交易历史据记载可追溯至13世纪。纽黑文的捕鱼权始于1510年。在牡蛎稀缺时，为了保护存货，地方议会会努力阻止对外出口，尤其是向英格兰出口，还会阻止向丹麦及其他国家出口牡蛎。当艾塞克斯的渔船侵入这片海域时，苏格兰人会朝他们扔石头。

瑞恩湖（Loch Ryan）靠近斯特兰拉尔（Stranraer），现在是苏格兰最大的渔场。1702年，威廉三世将它遗赠予华莱士家族。1910年是这儿生意最兴隆的一年，有30多艘渔船往来于湖上，一年能捕到130吨牡蛎。人们常常能看到采牡蛎的渔妇挎着鱼篓往返于住处和海边的景象。这种文化氛围在下面这段歌词里可见一斑，"Oyster"在方言中卑微地只包含两个字母："o"和"u"（"牡蛎"可以叫"蛎儿"）：

"夜晚身旁的炉火欢跃地跳动着，

采牡蛎的姑娘用海鲜招待我们；

时间流走，我们伴着音乐欢歌，

听见远处背着鱼篓的姑娘的叫卖声。

［叫卖］来买蛎儿！来买蛎儿！来买蛎儿！

来自福斯的蛎儿！［叫卖］来买蛎儿！来买蛎儿！"

卡尔·古索（Karl Gussou），《牡蛎少女》，1882年；这个形象比希尔和亚当森拍的实景相片稍稍浪漫一些。

歌曲与格拉斯哥（Glasgow）捕捞与销售牡蛎密切相关。这首歌传唱自纽黑文，时间肯定早于1850年，歌名叫"采捞歌"。它旋律轻柔如风，巧妙地将"牡蛎"精简为"蛎儿"，"蛎儿"又会传唱成"你"，含义是"为了你，牡蛎"。

"鲱鱼爱皎洁的月光，

鲭鱼爱柔和的晚风，

而牡蛎最爱听的是采捞歌，

因为这支曲让你觉得温柔。"

苏格兰还有一个"儿子"要感激牡蛎。查尔斯·达尔文（Charles Darwin）用其在纽黑文发现的牡蛎壳在爱丁堡大学做了有关进化的实验，从那之后他便开始钻研物种进化论。

繁荣与厄运

大型渔船能让牡蛎捕捞员航行到远海，延长作业时间。在英吉利海峡，人们发现了处女礁。1797年，来自埃塞克斯、肖勒姆（Shoreham）、埃姆斯沃斯（Emsworth）和法弗沙姆的300多艘小渔船载着2000名船员从泽西出发去捕捞牡蛎。到了1823年，共有8万多蒲式耳的牡蛎经过70次航行运回了埃塞克斯。戈利港（Gorey）在铁器时代就已存在，那里保留着巨石器时代的古人类遗迹，其位于阿莫利克遗址的最北端，现在成了一座繁荣的集镇。但是这儿的渔民贪婪无度，在20年里剥光了牡蛎礁上的宝贝。

艾塞克斯渔船尤其需要储备牡蛎幼虫，于是向北、向西到达福斯湾和索尔威（Solway）。他们并非总能受到当地人的欢迎，尤其是在苏格兰。他们在那儿睡觉时也保持装备齐整，以防遭遇袭击。在其他地区，他们的货币流通顺畅。

在离海峡较远的地方也有牡蛎，它们集中在法国海岸的深海堤，有时在深度达44米的地方能发现牡蛎。令艾塞克斯帆船队（Essex Sail）引以为傲的是，它包括132艘"一等"渔船，能用5台挖泥机搜刮牡蛎礁，每台机器上装有1.8米的切削刃。另一座著名的牡蛎礁距离牛津180千米，

作为烤鸡馅料的牡蛎

用牡蛎做馅料，将它和鸡肉或其他禽肉一起煮，在英格兰是一道家常菜，之后这份食谱被定居在加拿大和美国的早期殖民者沿用。当时这道菜的亮点是禽肉而非牡蛎。塞牡蛎馅料纯粹变成了延长用餐时间的手段。

四人餐

6只牡蛎，擦洗干净	1束（75～100克）新鲜香草——欧芹、
从硬面包上撕下2小块	细香葱、龙蒿，剁碎
橄榄油，用来煎炸	1只鸡蛋，打成蛋液
1个小洋葱，去皮，均匀剁碎	1只鸡（1.35千克）
1块鸡肝	

将牡蛎去壳放进小号平底锅，保留汁水。用中火加热牡蛎直到变硬，耗时1分钟。用剪刀把牡蛎剪成小片，盛在锅里。把面包放在中号碗里，往上面撒绞碎的牡蛎肉。往小号深底锅里倒点橄榄油，把洋葱煎软，然后放入鸡肝煮3分钟。把鸡肝绞成小片。把肝片和剁碎的香草放进牡蛎和面包的混合料中。倒入蛋液搅拌。如果混合液太稀，可以再加一些面包块。让混合物呈球状，塞进鸡肚子里。如果还有余下的食材，可以在烤鸡时一起烹饪。

还要牡蛎吗，先生？

亨利·佩利·帕克（Henry Perlee Parker）是英格兰东北部早期画家。人们习惯叫他"走私者帕克"，因为他专职创作海上走私一类的画，画的纹理丰富，色彩鲜艳。这是一幅速写，画的是一个男孩在享用晚饭，它是油画《卖牡蛎的人》的草图。

亨利是19世纪初极负盛名的一位天才画家，曾先后在纽卡斯尔（Newcastle）和谢菲尔德（Sheffield）创作，以现实主义画风和刻画港口生活闻名。他因贫困最终死在伦敦的谢泼德布什（Shepherd's Bush），他的画作现在能拍卖到3000英镑。

亨利·佩利·帕克，为《卖牡蛎的人》（*The Oyster Seller*）创作的速写，19世纪。

英格兰人曾在那儿的泰尔斯海灵（Terschelling）屠杀了荷兰商人。这是北海臭名昭著的危险地带和暴露区域，卢廷大钟（Lutine）——挂在劳埃德保险公司里的船钟——之后就在这里沉没了。许多艾塞克斯的牡蛎捕捞员在将丰产的大牡蛎［称之为"斯基林"（skillingers）］装船时送了命。渔船运一次货需要在海上航行20天。1887年，《导报》（The Guide）登载了一次创纪录的捕捞量——在一天内捞上来49000只牡蛎！

1911年，一份延迟公布的政府工作报告称，"在渔业中，牡蛎比其他海鲜产品更宝贵，它是至少25个国家食物供应中的重要成员"。全球牡蛎的消费数量估计达到100亿只。据报告，有15万人直接受雇于牡蛎产业，间接受聘的有100万人。

铁路的问候

19世纪初发生了两件大事，无疑影响了英格兰牡蛎产业和沿岸居民的生活方式。这两件事似乎为贫困的海滨聚居区带来了科技进步，从牡蛎和聚居区的角度来看，它们的确是关键因素。第一件大事是铁路的铺设——在一些情况下铁路会一路铺到码头，第二件大事是牡蛎采捞的工业化。在铁路和马路（约在1900年）铺设之前，聚居区呈散射状，贫穷而又相互隔离。本地牡蛎床可以维持、供给小社群的生活，仅仅依靠极小规模的农牧业就能自行补充牡蛎货源。甚至其与大城市，例如伦敦、南安普敦、布里斯托尔、格拉斯哥和爱丁堡等展开的贸易通常也是用船来实现的，但一定程度上会受到牡蛎捕捞员自身及其运输能力的限制。铁路是由以陆路活动为主的机构铺设的，它永久地削弱了海员和海域的影响力。

突然之间，人们就可以捕到大批的牡蛎，并将它们运往内地的新兴市场。铁路带来了一个有关城市化的规划，让原先狭小的郊外农贸市场和基本无人管理的混乱且走私猖獗的海岸得以发展。在原来那些被人忽视的地方建起了一座座新城市。铁路为新城市带来了更多的贸易和人口。产量大的渔湾，作为宝贵的食物供应源，自然被纳入了新铁路网。

1817年，斯温西被选作第一条列车线的终点站，这里从此成了士绅阶层的时新度假村。它取名为海滨浴场，虽然成名的真正原因是这里从事牡蛎、煤炭、铜、铁、锡和锌的交易，以及与世界其他地方进行的航运贸易。与牡蛎有关的一切好处——在新石器时代也算是有价值的——可以纳入工业化，可以被各方争抢，并且得到合理的解释。自此，现代世界开始形成。

7世纪，在斯温西采捞牡蛎仍然需要借助划艇，而随着铁路的到来，划艇装上了船帆，成了小帆船。日间作业的180艘渔船下方都装有拖捞网。每艘小帆船配有3名船员：其中两人负责拖网，另一人掌舵。

四处漂游的艾塞克斯渔船展现出威尔士人是如何培育牡蛎床的。人们在布里斯托尔建造特殊渔船，昵称是"嗡嗡低语的蜜蜂"（Mumble Bees）。威尔士的牡蛎产业一次性能吸纳600名员工。1871年，从斯温西湾的海底和高尔半岛（Gower）收割了1000万只牡蛎。

铁路线绵延千里，覆盖许多地段，贪婪吞食着周边的土地，它所供养的城市市场也是如此。几天内它就能将捕捞上岸的数百万只牡蛎运到市场上。那片景象繁荣而又喧嚣。没有自然资源能满足铁路这种永无止境、难以控制且机械的要求。牡蛎像煤炭那样被不停地开采。

从事牡蛎行业的人数随之攀升。1793年，在惠茨特布尔有36人初创了一家牡蛎公司，到1866年员工数增长到408人，其中干活人数有300多人。在科恩，1807年有73人登记在册，1857年增长到400多人。这些数字可能是针对船主计算的，因为其他文献里提到了，1836年左右艾塞克斯海域有2500名采捞员，1844年科恩的渔场有500艘船和2000名雇员，所以从事牡蛎贸易以及相关工作的人实际上应该更多。

灾难来袭

牡蛎业的繁荣吸引更多的人来码头做工。人多意味着房舍也会增多。居民带来的垃圾会丢进大海里被海水冲走。甚至在19世纪50年代中期，市镇规划员还会相信这种垃圾能作为牡蛎床的肥料，在某些情况下，市政当局认为，牡蛎会像过滤其他杂质那样过滤掉这种垃圾。牡蛎床常常看起来就像坐落在污水管的排放口。

1894年和1895年是艾塞克斯牡蛎产业的黄金年，前一年共采捞到270万只牡蛎，后一年共计300万只，但是毁灭的种子已悄悄埋下。1895年，一次公共调查发现，污水管排放口正在向河口的牡蛎养殖河段排放未经处理或未经适当处理的污水。伤寒的爆发与科尔切斯特渔场外的布莱特林西溪流中的牡蛎有关，并已造成损失。公众开始质疑这些牡蛎的味道。

在汉普郡的埃姆斯沃思情况更糟。数个世纪以来，朴次茅斯（Portsmouth）附近的埃姆斯沃思和沃宾顿（Warblington）都是牡蛎捕捞点。1788年，7000蒲式耳的埃姆斯沃思牡蛎被12名渔船船长刮捞回去。牡蛎产业的兴旺推动了造船业的发展。当牡蛎稀少时，小渔船就会驶向法国，从那里拖回蚝卵，让它们在渔村码头附近繁育。1901年，每3000人中就有300~400人直接受雇于牡蛎贸易。

从更早的时期开始，港湾附近的家用下水管会伸进海里，退潮时垃圾会被海水冲走。埃姆斯沃思属于最早一批将这些下水管连到一起的地方。牡蛎床上未经处理的垃圾会被清理。1902年11月10日，埃姆斯沃思牡蛎出现在两场地点不同的宴席上，一场在南安普敦，另一场在温切斯特。吃过牡蛎的人都出现了恶心症状，温切斯特宴席上的4名客人随即死亡。牡蛎床被迫对外封闭。当地政府似乎对牡蛎养殖失去了热情，关闭采捞点成为最快捷的解决方案——相比于因污染牡蛎床遭起诉，或（更糟的是）冒着被中毒的教区教民控告的风险，这种方案必定是成本较低的。

20世纪50年代，牡蛎捕捞工在康沃尔的赫尔福德（Helford）做工。

因此，我们说英国法律落伍指的是，污染环境者只要再次诉诸公共健康法让问题一笔勾销就行，而不用努力处理问题产生的根源，这毕竟属于市政机构的下水道系统。牡蛎捕捞员所面对的当局既是侵害者，又扮演了法官和陪审团的角色。市政机构以维护公共安全的名义关闭了牡蛎床——把它们封锁起来并丢掉了钥匙。

走下坡路的牡蛎

在疾病之外的其他因素也影响了泰晤士河，尤其是涂有三丁基锡（TBT）的船底毒死了牡蛎幼虫，抑制了牡蛎礁的生长。英国政府被快艇游说团施压，将捕捞牡蛎禁令的生效日延后，直到多年后，当法国和加拿大引入这项禁令之后才开始执行。相较于收割牡蛎的人，拥有快艇的人是更关键的政治力量。

从20世纪20年代至30年代，泰晤士河维持着表面的繁荣。随后大自然便开始对它进行骚扰。1929年、1940年和1947年的冬季气温特别低，泰晤士河结了冰，数百万只牡蛎被冻死。1953年的大潮卷来了泥沙，导致艾塞克斯和肯特的蚝卵窒息。最终，1963年的严冬又分别冻死了派伊弗利特（Pyefleet）和科恩85%和90%的牡蛎存货。1975年，惠茨特布尔皇家牡蛎渔业公司（Whitstable Royal Oyster Fishery Company）记录了自1928年起就不再盈利的情况。法弗沙姆的牡蛎床被来自上游造纸厂的污水污染。

尔后，又出现了一种新型虫病——牡蛎包拉米虫病（Bonamia ostreae）。它在20世纪80年代爆发，毁灭了欧洲牡蛎床上的牡蛎。当牡蛎到达繁殖年限时这种虫病就会滋生。英国东海岸的牡蛎床中毒尤深。

艾塞克斯本地牡蛎要么患上虫病、要么死去，希望它们能在将来某一刻从冬眠中奇迹般地醒过来。在科尔切斯特出售的牡蛎多数是进口的。莫尔登依然拥有南方最大的牡蛎床，今天这些牡蛎多数属于太平洋牡蛎——它们不容易感染虫病——在西默西海滩的渔船之间只能发现少部分存活下来的本地牡蛎。今天，一只本地牡蛎能在其他地方繁殖，然后回到艾塞克斯度过生命的最后几个月。在康沃尔的赫尔福德，自20世纪20年代出现精耕农牧业之后，整批包含800万只牡蛎的存货于20世纪80年代早期全部被包拉米虫侵害。

索伦特海峡（Solent）是南方现存最大的牡蛎自然生长地，但是生活在这里的多数牡蛎都被拿去做研究了，牡蛎贸易的规模较小。虽说这些深海牡蛎床躲开了包拉米虫的侵扰，可是牡蛎捕捞船必须一直与经过同一片牡蛎床的快艇和大型油轮争权夺利。

牡蛎的振兴

1995年，罗伯特·尼尔德（Robert Neild）在写《英国人，法国人和牡蛎》（*The English, the French and the Oyster*）这本书是以一则讣闻

肯特郡惠茨特布尔的海滨，以及惠茨特布尔牡蛎公司。

开篇："今日，牡蛎是英国极为稀缺的食物，只能在伦敦的几间酒吧里邂逅它们。"虽然当时这么说没错，整件事却并非如此。随即发生了两件大事。英国本土牡蛎现在仍面临着一百年来始终面临的威胁，除非英国人能够意识到这种威胁行将消失。水产养殖新技术的出现 —— 利用太平洋牡蛎 —— 则更加令人心动。超市又开始与苏格兰湖湾重新布署贮存牡蛎，湖湾会成为重要的繁育基地。

93

经过近年来的发展，牡蛎已绕开了传统贸易，并在餐厅菜单上以夜总会风格（cabaret-style）亮相。在街上遇不到叫卖牡蛎的商贩，甚至也看不到鱼铺，他们被直接与饭店后厨合作的牡蛎养殖场取代了。

餐厅的节约之道事关重大，因为它影响了官方数字的统计——仍然设想着主街上遍布着鱼铺、肉店、面包房和蜡烛店。旧式贸易的批发价是以吨、蒲式耳和加仑报价的。举例来说，爱尔兰的批发价是每年8000吨，经济价值达1600万欧元。但那是非常基础的算法，还没有考虑将牡蛎运往市场的实际基础设施所产生的影响。实际的算法是，如果按平均12只牡蛎重达1千克来算，每吨牡蛎的实际经济价值就要达到4万欧元。那么每年的实际价值会是3.2亿欧元。算上目前20%的附加税，就等于为进口国的财政部增加了6400万欧元的收入。如果多数牡蛎用作出口，这些意外之财便会流向他国政府。从国家层面来看，牡蛎经济能为财政部提供坚实的保障，因为牡蛎属于国家财产。

有人可能会认为，不管人们吃什么，财政部都是要收税的。你可以回到食物链上看一看，其实牡蛎贸易就像种植果园一样。如果你拥有一座果园，就会有许多潜在的销路。你要明白，如果餐厅菜单上没有牡蛎，那么前菜可以换成进口鲜虾、鹅肝酱、生菜等，它们或许不会影响增值税的税额，但是会对处在经济核心区以外的牡蛎养殖工产生重要影响。他们对自己居住的地方没有任何参与活动与投资。他们成了"新罗马的奴隶"。

土地私有化现象可能已发生了变化，而应有的权力和税金并未转到沿岸的牡蛎镇（例如科尔切斯特、绍森德或法弗沙姆），而是进入了中央政府。

许多存活下来的牡蛎床开了自己的"餐厅"：第一批开业的有萨福克的巴特利-奥福德牡蛎场（Butley Orford Oysterage）；之后，在20世纪90年代早期，惠茨特布尔牡蛎公司成立，负责振兴码头腹地的生意；蟹屋餐厅（Crab Shack）接管了阿伯茨伯里的牡蛎床；牡蛎经销商莱特

意大利牡蛎面配法式白酱

这道菜将牡蛎放在壳里，作为开胃小食，它是英国青年厨师马克·皮埃尔·怀特在伦敦旺兹沃思（Wandsworth）刚开哈维餐厅时烹制的一道特色菜。这道菜让怀特一举成名，之后他在伦敦（前）海德公园酒店（Hyde Park Hotel）工作时改良了这道菜。法式白酱产自法国的卢瓦尔河地区。

四人餐前菜

制作酱料：	半段黄瓜，切成类似扁意面的长条
2根青葱，切碎	16只牡蛎，擦洗干净
¼杯（60毫升）白葡萄酒	150克新鲜意大利扁面
¼杯（60毫升）白醋	鱼子酱（备选）
½杯（115克）冷黄油，切成方块	

先制作法式白酱。开中火，把葱末倒进小号平底锅里，混合葡萄酒和白醋，往上面泼点水。煨到水分基本收汁为止。放入黄油搅拌，每次放一块进去，制成类似卡什达酱的状态。保温。削黄瓜皮，将它切成类似扁意面那样的长条。用开水焯30秒。把水倒掉，将黄瓜放在一旁备用。把剥去壳的牡蛎煮1分钟。放在一旁。把牡蛎壳擦洗干净。大火加热中号深平底锅里的水，煮上足量的意面，保证每只壳里都能恰好塞下一叉子的面条——一口就能吃进去。拿小叉卷起意面塞进壳里。在整道菜的顶上放一只牡蛎，黄瓜条作为点缀。舀一勺法式白酱盖在意面上面（建议再用些鱼子酱装点）。

兄弟（Wright Brothers）在伦敦开了三家连锁牡蛎吧，租用的地皮是陷入困境的大公直辖地，内部包括康沃尔牡蛎床。影响范围最广的是"法恩湖"（Loch Fyne），它起初是湖边的一家茶室，现在发展成了英国小型连锁饭店。

其他饭店也恢复了往日的兴隆：特伦斯·康伦爵士（Sir Terence Conran）餐饮集团的招牌甲壳动物餐吧重新开业，例如Quaglino's；马克·皮埃尔·怀特买下了位于圣詹姆斯的明轮船饭店（Wheelers）；马克·希克斯（Mark Hix），这位常青藤饭店（Ivy）的前主厨，为自己新开的饭店取名为"Hix's Oyster & Chop House"（希克斯牡蛎排餐厅）。渐渐地，牡蛎发现了一条通往都市文化圈的新道路。

牡蛎文学

每个时代的语言都能表达自己的感染力和远见卓识。乔叟提到过牡蛎，莎士比亚在戏剧中描绘过他想象中的牡蛎。在《温莎的风流娘儿们》中，皮斯托尔（Pistol）说道："世界之于我就像鲜美的牡蛎，我将用剑撬开它。"1660年，日记体作家塞缪尔·佩皮斯（Samuel Pepys）在一次航行中写道：

> "下午，船长无论如何要我去他的舱室，他在那里盛情款
> 待了我，给了我一桶腌制的牡蛎。"

没过几天，我们就发现他不是一名强悍的水手，牡蛎倒是缓解了他的晕船：

> "我开始头晕想吐。晚餐前船长让我去吃些牡蛎，他说这
> 是他一生中吃到的最好的食物。"

路易斯·卡罗尔，《海象和木匠》（1871年），插图作者：约翰·坦尼尔（John Tenniel）。

　　爱尔兰讽刺作家乔纳森·斯威夫特（Jonathan Swift）具有机智的观察力，他发现"第一个吃牡蛎的人是一个粗人"。斯威夫特擅长说俏皮话，而这一句是他从托马斯·富勒（Thomas Fuller）的《英国名流史》（*History of the Worthies of England*）中借用过来的，这本书出版于1662年，这句台词出自詹姆斯一世之口。

荷兰和荷兰绘画大师

在沿海的荷兰、佛兰德斯、德国北部和比利时经常能看到牡蛎。每处都有属于自己的牡蛎文化，它们沿着瓦登海绵亘800千米。即便如此，这里的牡蛎仍然依赖大量进口，牡蛎可算是最昂贵、最鲜美的食物了。它们是常见而宝贵的象征符号。在绘画作品中，牡蛎经常被摆在珍稀水果、野味、手工甜点、进口的玻璃制品或陶器旁边，或者位于背景布的前边。出现这种现象一部分原因是，中产阶级商人在港口贸易中发现了新的财富来源（牡蛎）。对内陆的富豪即欧洲中产阶级来说，牡蛎也是珍贵和稀有的。在有些情况下，它是一种用来刻画"新鲜"、甚至时光流逝的艺术手法。这个时期涌现出一大批欧洲知名画家用牡蛎提升视觉效果，以此打造声誉。从17世纪早期开始，静物画派史无前例地壮大起来。作品包含现实动机——画家通过画食物来填饱肚子。

尼德兰北部和西属尼德兰掀起了一股静物画潮流——主要在安特卫普（Antwerp）、米德尔伯里（Middelburg）、哈勒姆（Haarlem）、莱顿（Leiden）和乌特勒支（Utrecht）——主要是因为荷兰和弗兰德社会日益加剧的城市化，与之相伴的是人们对家庭和私人物品、商贸和学习的重视：涵盖了日常生活的各个方面和娱乐消遣。各种货品堆积在贸易港。画家精心地用牡蛎营造视觉效果，其中包括亚伯拉罕·本杰瑞（Abraham van Beijeren）、弗洛里斯·斯霍滕（Floris van Schooten）、弗兰斯·斯奈德斯（Frans Snyders）、扬·克塞尔（Jan van Kessel）、奥西亚斯·比尔特（Osias Beert）、皮耶特·克拉斯（Pieter Claesz）、扬·戴维斯·海姆（Jan Davidsz. de Heem）、克拉拉·佩特斯（Clara Peeters）等人。静物画派分三类画风：宴会画风、厨房画风和早餐画风。选择作画的对象可能具有象征意义，或者背景有意展现出奢华和富足。

威廉·克拉斯·海达（Willem Claesz Heda），"牡蛎静物、高脚大酒杯、柠檬和银碗"，1634年。

　　皮耶特·克拉斯喜欢画人们刚巧吃到一半就起身离开餐桌的场景，这类画是不是暗示着，在座的宾客家道殷实，用不着将桌上的食物吃得一干二净呢？或者，画家只被允许在晚餐过后进来作画？皮耶特是著名的早餐静物画家，后来又对大型宴会上的静物着迷。于是，他开始单纯画牡蛎、高脚杯和餐桌上吃了半块的长面包，最后在1647年创作出了以豪华宴会为主题的画作《牡蛎烤阉鸡》（*Roast Capon with Oyster*）。

　　威廉·克拉斯·海达擅长早餐画（Ontbijt），他的《静物：牡蛎》（*Still Life with Oysters*）更具贵族气息，画上的食物（火腿、肉馅饼和牡蛎）也更高档。为一些画家制作馅饼是一门艺术，就像画画本身一样——也说明向画家提供食物是支付报酬的第二种方式。

扬·戴维斯·海姆的作品也令人叫绝。他的生卒年份为1609—1684年。《静物：玻璃杯和牡蛎》（*Still Life with a Glass and Oysters*）创作于1640年，画上的牡蛎配着红酒、柠檬和葡萄。亚伯拉罕·本杰瑞在挑选静物时十分谨慎：一只橙子、一块面包卷和若干牡蛎就已足够。

小皮耶特·勃鲁盖尔（Pieter Brueghel the Younger）的学生是弗朗斯·斯奈德斯，他于1602年成为圣路加公会（Guild of St. Luke）的一名自由画师。他先是在意大利住了一阵子，1609年又定居在安特卫普。当时的生意颇为惨淡。随着越来越多的房屋拔地而起，新的（绘画）协会也纷至沓来，画家相互借鉴技艺以维持生计。一些画家，如彼得·保罗·鲁本斯（Peter Paul Rubens）、安东尼·凡·戴克（Anthony Van Dyck）、雅各布·乔登斯（Jacob Jordaens）和科内利斯·弗斯（Cornelis de Vos）会请斯奈德斯在他们的画作上创作动物图案。

斯奈德斯的油画《食品贮藏室》（*The Pantry*）挂在大府邸的厨房里。画上有一名女仆（可能在科内利斯·弗斯面前摆好了姿势）端着盛满鹌鹑的托盘，鹌鹑上面放着一只野鸡。她正看着一张堆满食物的长方形餐桌。这幅画分好几个层次：展翅的白天鹅；摘去内脏，后腿挂在吊钩上的雄獐；一只龙虾、一只孔雀，身边还有其他禽鸟；一只柳条篮子里装满了水果；一只装满肉的铜盆；上方架子上挂着两块鲑鱼排、禽鸟和两只野兔；在左侧前景处有一盘牡蛎放在长凳上。有只猫想从餐盘里把鱼偷偷叼走，一只狗正盯着女仆看——与死去的动物形成鲜明的对比。斯奈德斯还画了其他静物，这一次只用了四种食材：一只雄獐、一只大龙虾、一只吊起的火鸡（将鹿衬托得矮小）和一托盘的牡蛎。他随后又画了摆放多样，全是展现食物的画，画中时常包括牡蛎。

奥西亚斯·比尔特更擅长细节。1620年左右他画了一幅《牡蛎、水果和葡萄酒》（*Oyster, Fruit, and Wine*），似乎想呈现一个丰足美好的世界。11只张口的牡蛎躺在锡蜡盘里，具有视觉现实感。旁边有两个牡

弗朗斯·斯奈德斯,《食品贮藏室》(细节),1620年。

蛎壳,强调了放在桌上金盘子里的食物稀有。前景里有一只万历碗,里面放着用金叶装饰的豪华甜点;另外两只明代碗里装满了提子干、无花果和杏仁。在画面的中央,肉桂糖和杏仁蜜饯盛在陶瓷浅盏中,主色调为黄色、粉色和绿色。榅桲酱(Quince paste)——盛会上的另一道精品——存放在简约的圆形木盒子里,从威尼斯手工酒杯的透明玻璃上能看到杯子里的红酒和白葡萄酒。与同时期许多同行类似,比尔特以俯视的角度作画,尽量不让画上的精致物体重叠到一起,这样画上的静物更像是珍宝而非食物。

荷兰静物画

《逮个正着》（*Caught in the act*），克拉拉·佩特斯，静物画：鲤鱼、牡蛎、小龙虾、斜齿鳊和一只猫，1615年。

1500多年以来，画家们普遍关注的是宗教肖像。后来突然间，在一个北欧小国里，画风发生了转变，画家们开始关注世俗事物。背后的驱动因素是什么呢？17世纪前半叶，宗教狂热丝毫没有减退，那时仍然是重要的基督教时代。在这个大环境下有群人开始觉悟，他们认为除了上帝之外还有其他事物值得被画下来。但是，谁有胆量敢创作第一幅非宗教题材的画呢？或许只有荷兰人，这批最先在帝国中获利的人突然之间变得富有和世俗了吧。

当女性走近食物时，她们就开始挑战男人的生意了，如克拉拉·佩特斯。她的用色方式被后人沿用，保持鲜艳、优雅、贴近日常生活。细致的视觉描绘仍然能给人留下深刻的印象。在这幅画中，你们能看到清晰的纹理：光滑的鱼鳞，厚厚的配釉黏土和猫毛；开口牡蛎的粗糙外壳，与盛装牡蛎的发光锡蜡碟子形成了对比。生动的笔触还体现在，猫咪将前爪牢牢按在小鱼身上，耳朵向后展，保持警惕以防有人靠近。

法兰西的爱与美食

　　法兰西被牡蛎包围着，与牡蛎有关的词语在法语中充满了浓浓的诗意。甚至当你押韵地说"maladie des branchies"（鳃病），和卷起舌头练习说"conchyliculture"（贝壳养殖）时，也会有意识地享受语言给你带来的乐趣。法语的语音杰作包括"detroquage"（将年幼的牡蛎从收集器中取出），"ambulance"（笼子），"vagabondage"（当蚝卵游动时），"roudoudou"（装在圆形木盒子里舔着吃的糖）——这些词能激发联想，易于理解，与英语单词相似，基本不用多做解释。

　　牡蛎在拉封丹（La Fontaine）的两篇法兰西神话故事里扮演了重要的角色：一则讲的是有只老鼠被牡蛎壳夹住了；另一则是有关两名朝圣者争论该让谁吃他们共同发现的牡蛎。他们问了一名过路人，对方决定自己来吃！

　　康卡勒（Cancale）很久以前就以牡蛎闻名了。这儿离巴黎很近，足以让商人将牡蛎卖往那里，可以取道海路、塞纳河或者陆路——用4匹马拉的大轮敞篷马车装载牡蛎。1545年，弗朗索瓦一世（Francis I）将某地封为维尔（ville）小镇，表示它享有向皇室提供牡蛎的优先权，这是一种极具罗马风格的资助方式。牡蛎可能最初是在康卡勒生长的，但是在拿到市场上卖之前得转运两三趟。卡昂（Caen）北部的滨海库尔瑟莱是一处分流站，牡蛎从那儿出发7天内可到达巴黎，加快速度的话3天就能到，如果选择从迪耶普（Dieppe）出发需要40小时。经塞纳河运输耗时较久，在康卡勒售价3法郎的牡蛎在滨海库尔瑟莱要卖9法郎，在巴黎会卖到35法郎。

　　1700年之前牡蛎不是稀有食物，尽管20年前就对贻贝收割加以限制了。在18世纪中叶，法国海军被派去调查牡蛎的离奇死亡，并制定了端上一盘奥斯坦德牡蛎（Ostend）：

它们味美多汁，就像小耳朵包在壳里，

它们在唇齿间融化，就像咸趣小糖果。

居伊·莫泊桑（Guy de Maupassant），《漂亮朋友》（*Bel Ami*）

明确的规定，由当地警察负责执行。从4月1日到10月15日这段时间是禁止捕鱼的。每年，渔民都会自己展开调查，报告哪座牡蛎床可供捕捞，哪座应该规避，最后由全体渔民投票决定。法律规定所有渔民要同时捕捞，按照事先商定的时间离开港口，有时要乘坐特制的大篷船。高峰时段会出现3000人驾驶400艘大篷船的景象。

通过发展农牧业，牡蛎的数量又能达到丰产的水平。到19世纪，每年的捕捞量达到3300万只。到1847年，仅康卡勒一地就达到5600万只。

康卡勒的居民踏上去往纽芬兰捕捞鳕鱼的航程，他们得离开小镇数月，留下老人和孩子照管牡蛎，因此他们在大家心中树立了不屈不挠的形象。就像在布列塔尼其他地区那样，郊区的贫困意味着沿海捕鱼业成了维持生计的重要手段，需要悉心打理。这儿的人特制出了一种用来收割牡蛎的平底船。船上立了4杆巨大的船帆（名叫"bisquines"），有时还会挂300平方米的帆布兜住吹来的海风。

高达14米的巨浪冲刷着圣米歇尔山（Mont St.-Michel）脚下的海湾，这座山位于圣马罗（St.-Malo）岬角的另一侧，这里的牡蛎保持着鲜味和独特性。从历史上看，康卡勒的牡蛎一直广受欢迎——在罗马发现了康卡勒的牡蛎壳；路易十四曾命令仆人每天送康卡勒牡蛎进殿；拿破仑在长途跋涉进军莫斯科的路上也随身带着康卡勒牡蛎。

康卡勒的牡蛎滩

去劳作——约翰·辛格·萨金特,《在康卡勒拾牡蛎的人》(*Oyster Gatherers of Cancale*),
1878年。

　　这是一幅早期画作，由美国画家约翰·辛格·萨金特（John Singer Sargent）创作，他画的是布列塔尼的康卡勒牡蛎滩。萨金特，与一个世纪之后出现的摄影师卡蒂埃-布列松（Cartier-Bresson）一样，擅长捕捉所谓的决定性的一瞬。在这幅画上，祖母低头看着孙子，他的裤腿卷到膝盖上面。小孩赤着脚，渔妇穿着木底鞋。风呼呼地吹着，远处的灯塔射出一道细细的光，提醒附近海域可能有危险；光线还照亮了断崖边上的一根大桅杆。

　　潮水退去，渔妇开始劳作。阳光明媚，可她们却戴着头巾、系着围巾，穿着边角磨损的粗布围裙——像是从床单上扯下来的一块布。萨金特这位市井画家创作的是一幅劳动人民劳作的场景。

　　人物构图基本呈环形，或许暗示了一只牡蛎的形状。两名年轻姑娘在聊天，另外两人在独自行走。有三个人光着腿，一个人穿着长筒袜，她也许是给牡蛎剥壳的，不负责拾牡蛎。走在最前面的渔妇看起来很温顺，有种忧伤的美感，她眺望着远处的大海，仿佛在寻找什么。1878年，这儿的捕鱼船或许仍然没有摆脱危机，渔妇的愁苦情绪可能表达了一种绝望，仿佛心想着“这一周采到的牡蛎会更少”。

海岸之间

　　法国是世界牡蛎生产和消费的领头羊，尤其在圣诞节期间——其他神圣的节日也曾是尝鲜牡蛎的主要原因。法国是全球第四大牡蛎生产国（英国在全球贸易中不再独领风骚）。未卖出的牡蛎最后将经由荷兰运到牡蛎消费大国德国。

　　14世纪有位诗人——波尔多的奥索尼乌斯（Ausonius）根据牡蛎的品质对它们进行分类——基于本地保护主义立场，他将波尔多牡蛎评为最佳品种，领先于马赛牡蛎和卡尔瓦多斯牡蛎（Calvados），排在后位的是布列塔尼牡蛎和苏格兰牡蛎，最后才是拜占庭牡蛎。这样看来，这些贸易线路或许在当时就已经家喻户晓了，甚至在黑暗时代牡蛎运输仍会取道于此。

　　诺曼底牡蛎占法国牡蛎收成的四分之一，它们来自维尔湾——圣瓦阿斯拉乌盖年代最久的牡蛎床，孔唐坦处的公海，以及默韦内·阿内勒斯处较新的牡蛎床。北布列塔尼的海岸线上有齿状岩石、深谷和更深的河口，这些暴露在大西洋汹涌波涛面前的地理位置表明了布列特尼人在几个世纪以来一直悉心培育着这里的牡蛎。

　　再往北去是康卡勒，它坐落于圣马罗后方，俯瞰着圣米歇尔山湾和圣布里昂湾（Saint-Brieuc Bay）的牡蛎床，从这里可以一眼望到布雷斯特（Brest）、坎佩尔（Quimper）、基伯龙（Quiberon）和莫尔比昂（Morbihan）——大西洋浮游生物在这四块区域内逐渐减少，它们作为避风港和保护区用来喂养牡蛎，足以为牡蛎提供安定的生活环境。再往南，牡蛎被养在卢瓦尔河河口、布尔纽夫（Bourgneuf）的温暖浅滩中，这里被诺亚牟提亚半岛（Noirmoutier）包围。从1992年起，整片区域被打造成"大西洋牡蛎买家汇"。

　　从夏朗德（Charente）到吉伦特（Gironde）有座开放的牡蛎园。位于中心的是马雷讷-奥莱龙，那里的海水泛绿，由单细胞海藻所致，春季

皮埃尔·瑟雷斯迪·比耶（Pierre Celestin Billet），《捉牡蛎》（细节），1884年。

海藻生长在牡蛎园的底部并将海水染上了颜色。有篇神话故事提到了这些海藻被发现的经过，它源自1627年左右拉多谢尔港口（La Rochelle）被包围之时。传说一些牡蛎被存放在盐沼里是为了自我保护。当它们被人捞起时已经变成了绿色。最终，当地人还是带着一丝紧张情绪品尝了这些牡蛎，感觉味道像"榛子汁"。

虽然这些牡蛎是绿色的，法国人却习惯说它们"发着蓝光"。英国动物园学家雷·兰克斯特（Ray Lankester）认定是硅藻导致了这一变化。法国人在其他海湾复制了这种颜色渐变，却没能复制出这里牡蛎的味道。再往南去，到了阿尔卡雄（Arcachon），会看到类似的效果，不过这些牡蛎床现在主要作为孵化地向法国其他地方供应牡蛎。在地中海的邹（Thau）有片历史意义重大的海域，布兹格牡蛎（Bouzigues）在近海的海岸线上生长，在这里会比在深海里长得快。

高卢人的爱

令牡蛎成为"催情剂"的原因可能是一系列广告宣传活动，它们是经诺曼底牡蛎养殖员的委托发起的，继而引出了12世纪的"表面授权"（apparent authority）惯例。牡蛎被视为爱的香料。海报系列的广告语会说，"与诺曼底牡蛎共度难忘的欢爱之夜"或"与诺曼底牡蛎共度美好的夜晚"。

文学爱好者卡萨诺瓦（Casanova）一贯支持这一构想。虽然他是意大利人，在巴黎却住了很久。他的有些调情诗读上去像是艳情诗，并非发自肺腑的示爱宣言："我将牡蛎壳放在她的唇角，一阵大笑后，她开始用嘴唇吮吸牡蛎。我立刻把它拿开，吻住她的唇。"卡萨诺瓦称自己每天早餐要吃掉50只牡蛎。

亚历山大·仲马（Alexandre Dumas）在《烹饪大词典》（*Grand Dictionnaire de cuisine*）中写道，牡蛎"唯一的运动是睡觉，唯一的乐趣就是吃"。

法式牡蛎酱汁
（MIGNONETTES）

在将牡蛎端上桌前的几个钟头制作法式牡蛎酱汁，这样就有充足的时间浸泡小洋葱了。

香槟或红酒醋

把青葱均匀剁碎，放进香槟或稀释的红酒醋里浸软。撒两撮新鲜的黑胡椒粉。

用苹果醋制作苹果牡蛎酱汁

把青葱均匀剁碎，放进苹果醋里保鲜。取一片青苹果片和一片红苹果片，带皮、均匀剁碎。把它们放进加了葱末的苹果醋。加一茶匙剁碎的欧芹，撒上胡椒粉。有时会用红甜椒代替红苹果。也可以放黄瓜，那样味道会更有惊喜。同样的方法也适用于桃或杧果，尤其是用米酒制作时。

用米酒制作川味牡蛎酱汁

将5厘米长的姜片放进米酒中。将新鲜的柠檬皮、青葱削片，根据实际用途尽量切薄。撒上川味花椒。

用酸橙和柠檬制作泰式牡蛎酱汁

将黄瓜和生姜尽量切薄。给红辣椒去籽，均匀剁碎。往碗里放黄瓜丝、姜丝和辣椒丁，混合棕榈糖、酸橙、柠檬汁、鱼露，再滴一滴油进去。撒些切好的芫荽叶，搅拌均匀。

牡蛎商的一家，巴黎，法国，约1900年。

法兰西美食

牡蛎在法餐花名册上占有一席之地，而正如格雷厄姆·罗布（Graham Robb）在《发现法国》（*Discovery of France*）中指出的，法国地方美食直到20世纪才享有盛名，它被皇室后厨所推崇，并作为皇室美食传入欧洲各地。1907年，埃斯科菲耶（Escoffier）写道，自己只准备了约12只牡蛎——却准备了30多只龙虾——其中没有一只来自法国地方省份。他准备的宴席通常极其奢华——例如，餐前小食是鱼子酱泡芙，上面点缀一只牡蛎。

《法国美食百科全书》（*Larousse Gastronomique*）选用各种法式酱料搭配牡蛎，仿佛牡蛎等同于任何类型的鱼，这样做的主要目的是炫耀厨师的制酱手艺——芥末蛋黄酱配贝类，科尔贝尔酱配煎物，南图亚酱配小龙虾，诺曼底酱配蘑菇和奶油，佛罗伦萨酱配菠菜，莫尔内酱配芝士，波兰酱配辣根——这些酱还可以用来做舒芙蕾、焗菜，或者放在烤叉上烤、塞进船形糕点或糕点盒里。牡蛎自然能经受得住这般处理，只是看起来未充分发挥它的长处。牡蛎餐快做好时放菠菜通常是最合理的做法，因为菠菜富含有益人体的铁元素；对鸡蛋、黄油和奶油的花式加工，例如把它们制成乳状糊，塞进牡蛎壳里烤，已经成了标准的现代速食法餐。

法国的大饭店想就"如何专业地对待牡蛎"写下各自的"秘籍"，即便有关牡蛎产区或烹饪风格的传统提示极少，只提到了松露的昂贵，或是提到了异国香料是在荷兰绘画大师创作油画之后出现的。

巴黎餐厅特勒旺（Taillevent）推出了一道特色菜——4只牡蛎包在涂了黄油的箔纸里，配料是2片扇贝肉、松露、韭葱片（上面洒了点矿泉水），牡蛎汁和有盐黄油。上菜前烘烤了5分钟。

在罗昂（Roanne）的三胖之家（La Maison Troisgros）餐厅用牡蛎搭配酢浆草和莳萝，上菜时牡蛎是温热的。巴黎餐厅卢卡斯卡通（Lucas Carton）习惯烤闭壳的大贝隆牡蛎（Belon），搭配法式白酱、坚果、吐

莱奥内托·卡皮优（Leonetto Cappiell），海报《鲜美的牡蛎》，1901年。

司和西班牙贝洛塔火腿（Bellota-Bellota），外加一杯曼赞尼拉雪莉酒（manzanilla sherry）。在此，要对来自阿尔卡雄附近的巴斯克人表示敬意，在阿尔卡雄牡蛎肉是放在牡蛎壳里上菜的，搭配小灌肠（crepinette sausages）、面包和当地白葡萄酒——加农多尔多涅（Entre-Deux-Mers）。

厄热涅莱班（Eugenie-Les-Bains）的厨师喜欢用生姜、芫荽和尚蒂伊绿咖啡（Chantilly，未经焙烧）搭配烤到刚刚开口的牡蛎。保罗·博古斯（Paul Bocuse），这位慈祥的法餐头面人物成功唤醒了维希冷汤的古典风味：本地做法是在冷汤快要喝完时往汤里撒一些格鲁耶尔干酪碎（Gruyere），一边喝汤一边吃牡蛎，煎面包会令这道菜的口感保持丰富。马赛鱼汤搭配格鲁耶尔干酪、油炸面包丁和大蒜蛋黄酱则令人赞不绝口。有的食谱还会将韭葱和土豆（堪称最佳拍档）制成沙司填进牡蛎壳里烘烤。

卷心菜叶包牡蛎

布列塔尼的布里考特之家（Les Maisons de Bricourt）的奥利维尔·罗林格（Olivier Roellinger）比其他厨师更接近"海水"工作。这道菜的配料大胆选用了咖喱香料——芫荽末、藏红花粉、姜黄、百香果、肉桂，甚至还包括青柠粉——就像运香料的船撞上了圣马罗岩石时可能会撒出的那些食材。

四人餐前菜

500毫升白葡萄酒	2片鱿鱼，里外都洗干净
500毫升鸡汤	16只牡蛎，擦洗干净
咖喱粉——芫荽末、藏红花粉、姜黄、百香果、肉桂——放在棉布袋里	2茶匙黄油
	沙拉/海藻类配菜——海苔和野苣
1颗卷心菜	

用中火加热深平底锅，让锅里的白葡萄酒蒸发一半，倒入鸡汤和卷心菜片。浸渍20分钟。

每例包含1片卷心菜叶，焯水后放进冷水里，让叶片更硬挺，放在一旁。将鱿鱼切成条，在不粘锅里稍微烤一下，放在一旁。在中号平底锅上剥开牡蛎，让汁水滴进锅里。把卷心菜叶和1茶匙黄油放进牡蛎高汤中，用中火炖。让葡萄酒与高汤充分融合，与剩下的黄油混合。

在温热的浅碗中放一片卷心菜叶。将沥干的牡蛎放入温热（无须煮沸）的葡萄酒、鸡汤和黄油的混合液中，焯水2分钟直到牡蛎肉卷曲。每片卷心菜叶包裹4只牡蛎和1条鱿鱼条。往上浇葡萄酒鸡汤。用海苔和野苣作为点缀。

香槟萨巴雍牡蛎

四人餐

⅓杯（70克）冷黄油	3杯（750毫升）香槟
2个小洋葱，去皮，均匀剁碎	2份蛋液
115克蘑菇，剁碎	1根青葱，将白色和青色的部分均匀剁碎
盐和胡椒	
24只牡蛎，擦洗干净	

中火加热小号深底锅，融化半块黄油，将小洋葱煎3分钟直到变软。放蘑菇搅拌，文火熬10分钟。放佐料。剥开牡蛎，把壳擦洗干净。将蘑菇馅料填进壳里，每个壳里放1茶匙的量。

预先加热烤炉。往中号深底锅倒香槟，中火炖牡蛎2分钟，直到牡蛎卷曲。把它们拿起放在蘑菇馅料上。将2茶匙香槟和另一半冷黄油放入蛋液里搅拌。舀一勺调味汁淋在牡蛎上，烤5分钟。用青葱点缀。

牡蛎碟收藏

都市餐饮越来越多地选用牡蛎做食材，于是掀起了另一波热潮——牡蛎碟收藏。顶级法德瓷器生产商生产出装饰性特色餐碟，它的6个凹槽用来搁牡蛎，第七个凹槽用来放柠檬或调味汁。

牡蛎碟根据具体情况会有些许的不同，取决于牡蛎是放在冰上，带壳的，还是剥壳的。那些只能用来盛冰的碟子最为古老，后来被凹槽碟取代，用后者盛牡蛎看上去更整洁。但是，粗糙的牡蛎壳容易刮损碟子上精美的图案，所以凹槽会做得足够大以便托住了壳的牡蛎。另外，特制的小号双齿叉和三齿叉会让品尝牡蛎与餐桌礼仪保持一致。起初，这些餐具是专为贵族豪宅定制的，渐渐地中产阶级也开始关注使用合适的碟子和餐具。

一些时尚、质朴的装饰型餐具来自牡蛎产区坎佩尔。优雅、带花卉图案且色泽灰白的样式来自利摩日（Limoges），更现代和富有活力的精品则来自普罗旺斯的瓦洛里（Vallauris）等地，还有德国生产商Waechtersbach推出的鱼形餐具，莱丽卡（Lalique）的玻璃餐具，以及来自绿点（Greenpoint）、纽约瓷器艺术品协会（Union Porcelain Works）的单件设计作品（它们出现于19世纪初）。

在英国，道尔顿在20世纪初制作了两款花纹各异的牡蛎碟。前员工乔治·琼斯（George Jones）制作了鲜艳的套碟，边缘是用大块牡蛎壳残片装饰的，中央立着一只小号果岭叉蛋杯，用来盛放佐料。规模较小的后起之秀，塞缪尔·利尔（Samuel Lear）公司则生产出一款葡萄牙风格的向日葵碟。1851年，赫伯特·明顿（Herbert Minton）在伦敦水晶宫展览会上首次展出了自己设计的色泽艳丽的锡釉陶碟。这让牡蛎碟成为维多利亚时期中产阶级消费得起的餐具。明顿牡蛎碟的设计灵感来自法国的塞夫勒。

牡蛎碟

至今牡蛎碟仍然受人追捧，拍卖网站易贝网每日更新售价。有些碟子的价格高达3000美元每只，尽管大多数的标价要便宜一些。新设计出的碟子仍然可以卖到250美元每只。

可以预见的是，即便在制作碟子的日常也会发生分歧，这里指的是复制旧款式的合法性问题。它们究竟算是古董还是模板？如果你为了投资购买，需要留意碟子上是否有牡蛎壳留下的刮痕，它们对收藏者来说是碟子减值的因素之一。

左页："塞夫勒金字塔"牡蛎托碟，1759年。

（上）：牡蛎碟，来自绿点、纽约瓷器艺术品协会，1880—1881年。

（下）拉瑟福德·B. 海斯（Rutherford B. Hayes）白宫服务部的牡蛎碟，来自瓷器艺术品协会，设计于1879年。

兴致高昂的维克多·科斯特（Victor Coste）

相较于英国，过度捕捞的问题在法国更显得迫在眉睫，法国人系统、积极地做出了回应。那里的牡蛎床是宝贵的国有财产，不同省区的法律法规不尽相同。在英国，写进《大宪章》里的个人自由，法国人没有这样的顾虑。弗朗索瓦一世和亨利三世分别在1544年和1584年声称，为了国家利益要拥有和养殖牡蛎床的皇家特权。高卢人假设，国家拥有丰富的海岸线，并按照自认为适当的方式管理它们。

1840年，海军受召前去巡视阿尔卡雄附近的牡蛎床，为了防止有人盗捕。法国人受到鼓舞，加入了这一集体行动。杰出的胚胎学家维克多·科斯特（Victor Coste）发现，古罗马培育技术仍在那不勒斯湾的富萨罗湖（Lago Fusaro）附近流传。他请求拿破仑三世投资8000法郎，为圣马罗西面的圣布里厄湾补给货源。他把牡蛎进口到圣布里厄湾，花钱雇一艘渔船看守，然后学意大利人那样铺石块、枝条以及其他收集来的东西，这样当牡蛎开始繁育时，幼蚝就有地方附着了。一年后，在1859年，科斯特兴高采烈地禀报拿破仑，他的实验取得了巨大的成功。为了证明这一点，他提到有块地方出现了2万个蚝卵。科斯特提议让整个法兰西海岸，甚至科西嘉岛和阿尔及利亚的殖民地都依照他的方法养殖牡蛎。拿破仑雄心勃勃，答应了他的请求。

几乎在同时又实现了一次突破，这次要感谢住在拉罗歇尔附近——雷岛的石匠M.伯夫（M. Boeuf）。他留意到牡蛎在浑浊的海水中会依附于石砌的海塘。他在低潮泥滩上砌起环形的石墙，在底部铺上石块。法国人不再依赖变幻莫测的野外环境，他们意识到自己能够从欧洲附近进口蚝卵，然后让蚝卵在拥有的礁床上生长，他们甚至还会为这些牡蛎砌起特别的公园。不久，这些法国人就进口了大量的蚝卵，几乎掏空了西班牙的蚝卵储备。1860年法国收获了2000万只牡蛎，到了1907年这一数字飙升到3.5亿只！

1840年，圣布里厄湾（北滨海省，布列塔尼，法国）在积极进取的维克多·科斯特的帮助下成功补给了牡蛎货源。

　　这种方法适用于美国最著名的牡蛎——贝隆牡蛎。这回又是富有远见的科斯特的主意。今天的贝隆牡蛎来自艾文-贝隆河。这条河不是苗圃也不是生长区，而是浮游生物集中的水域，牡蛎在上市前就是从这里被拿去加工的。令人赞叹的是，科斯特发现此地富含的铁元素，以及由海水和淡水混合而成的水，能够让这条河提供理想的牡蛎养殖环境。奥古斯丁·康斯坦特·索蒙尼哈克（Auguste Constant Solminihac）动了心，于1864年搬离位于佩里戈尔（Perigord）的住处，来到此地培育牡蛎，并带来了他在比利时收获的第一只蚝卵。贝隆牡蛎现在可能是世界上最具精英气质，令人梦寐以求的牡蛎品种。

　　然而，科斯特深受官僚主义观念的影响。在康卡勒式的检查制度下，这里依旧禁止夏季捕鱼，可它却对征召入伍的海军士兵做出让步，服兵役作为强制服劳役的备选方案，有关牡蛎的特许成了退伍抚恤金。通常，"牡蛎薪金"非常优厚，还包括向退休海员赠送蚝卵、牡蛎汤和牡蛎壳瓦片，以及允准牡蛎捕捞员应该拥有的其他基本物件。在拿破仑看来，这是一次精心安排的社会工程试验。他希望牡蛎能够喂饱穷人，希望退休的海员能从事高收益的活计。

"莫莱森"（Morlaisen）号创造的奇迹

法国人是无比幸运的。一小群葡萄牙牡蛎——巨牡蛎从塔霍河上顺利地移居过来，自罗马时期它们就是一种产量丰富的牡蛎。之后，在1868年"莫莱森"号载运着塞图巴尔（Setubal）的葡萄牙牡蛎前往英国，顶着阿尔卡雄的暴风雨在波尔多找到了驻地。那时牡蛎已经开始散发难闻的气味，船长帕托伊泽（Patoizeau）下令将它们倒入梅多克角（La Pointe du Medoc）顶端的韦尔东（Verdon）附近的海域。这些牡蛎没有死掉，它们立刻在海水中变得生龙活虎。几年内，整个吉伦特省成了一座欣欣向荣的牡蛎商贸中心。关于牡蛎的数量尚存争议。到1910年，当英国日渐衰退时，牡蛎的收成达到2500万只左右，法国复原的牡蛎床的生产量已达5亿只。

与英国牡蛎一样，法国牡蛎也遭到了20世纪20年代黑死病的袭击，最近几次是1974年、1979年和1984年，分别被无索腹菌和包拉米虫侵害，现在存活的牡蛎数量很少。本土圆形牡蛎已有大批消失，而本土扁牡蛎中存活下来的只有5%。

1949年，葡萄牙牡蛎遭到致命病毒鳃病的沉重打击，最终，它们想回到"莫莱森"号上的希望也在20世纪70年代破灭。

于是，法国人做出了严肃大胆的决定——直接从日本进口日产的太平洋牡蛎。第一批太平洋牡蛎经DC-8船艇托运，于1971年5月16日到达波尔多，随后经小型货车运至滨海夏朗德省（Charente-Maritime）。2个月后幼虫开始茁壮成长。今天，98%的法国牡蛎属于太平洋牡蛎。就连贝隆牡蛎也不再可能是扁平或圆形的法国本土牡蛎了，而是在布列塔尼海域中经过催肥的太平洋牡蛎。

在法国出售的一篮贝隆牡蛎。

第三部分

新世界

这件事啊，据说多情的海绵动物也会做，

牡蛎湾的牡蛎也会做。

我们也来做这件事，共浴爱河吧。

"我们也来做这件事"，科尔·波特（Cole Porter）

菲斯湾牡蛎合作社员工，

威勒冈州，1949年。

第一批美洲人

当旧世界的人们仍在恪守《圣经》时，有人已经踏上了美洲的土地。在佐治亚的萨佩洛岛（Sapelo Island），密西西比人约在公元前4000年居住在这里的贝壳堡垒中。牡蛎壳堆积成的墙群保留下来——有些墙体高达4米。根据碳同位素年代测定，我们发现了密西西比人的主食——蛤蜊和海螺贝——的遗迹。这座贝冢最宽的部分达100米。内部被清扫过。人们还发现了陶器、炉台和骨针，这些确定是家庭使用的器具。这座贝冢出现的年份早于埃及金字塔建造的时间。在柯南场（Kenan Field）附近有一片64公顷的美洲土著村庄遗址，很久之后，在公元1000年和1600年之间这里被人占领。

萨佩洛环形建筑群（Sapelo rings）确实有助于抵御手持武器的凶残敌人的入侵。这里的墙体不仅高而且还很尖利（防止赤脚或穿软帮鞋的人越墙而入），墙内嘈杂令袭击者不敢攀爬，墙体不稳固不利于持续作战。

提穆库瓦人统治着佐治亚南部的这片土地，当欧洲人于16世纪早期到达美洲时，这些人迁移到了佛罗里达。法国人驻扎在佛罗里达的杰克逊附近，他们发现了出现于同一时期（公元前4000年）的相似的环形城墙。萨佩洛当地人支持提穆库瓦人并不是采猎者的观点，并选择驻扎在富饶河口并在那儿种植谷物、豆类、南瓜和其他蔬菜，以及养殖短吻鳄的族群。他们在木架子上烤肉，这种木架在几个世纪之后被人叫作"barbacoa"（巴巴柯阿），英语单词"barbecue"（烧烤）正是来源于它。

1539年，西班牙征服者赫南多·索托（Hernando de Soto）洗劫了科菲塔切基·拉·塔路梅克的祭堂，掠走镶珠木雕像、大量的散珠、鹿皮、染布，以及华丽的铜质手工艺品。秘鲁作家加尔西拉索·维加（Garcilaso de la Vega）之后引述了赫南多的原话："塔路梅克有约500间

> 它们一定是完美的球体，或是对称的珍珠状，好似一颗晶莹剔透的眼泪，它们的外皮和风格必定是令人满意的，也就是说，它们的纹理肯定精致无瑕。
>
> M. F. K. 费雪（M. F. K. Fisher），《牡蛎之书》（*Consider the Oyster*）

房舍和一座长100多步、宽40多步的祭堂。塔路梅克的城墙和人字形屋顶上盖着藤编毯子，毯子上装饰着海贝壳和珍珠串。"

佐治亚的贝冢不算个例。美洲东海岸也有类似的古遗址，一路向北延伸至缅因。达玛瑞斯科塔河（Damariscotta River）东侧有一座巨型贝冢叫"鲸背船"（Whaleback）。19世纪80年代末，这里许多贝壳被运走并加工成鸡饲料。鲸背船的历史可追溯至公元前1000年，它现在已经变成了一座国家公园。

早期的南方探索者汇报他们发现了大量以"蒲式耳"和"加仑"计量的散珍珠。单座墓穴中的部分藏品（珍珠）比欧洲皇室所拥有的还要多。它们历史悠久，已经出现破损，相较于珠宝商，它们更能吸引考古学家的关注，不过其数量的确惊人。有时，这些珍珠和墓穴中的其他手工艺品一起藏在尸体中，尸体外皮被剥去并处理，用来存放这些珠宝。

圣奥古斯丁（St.Augustine）有一口井［位于代托纳（Daytona）和佛罗里达东海岸的杰克逊镇（Jacksonville）之间］也提供了线索，其暗示北美洲和南美洲建立关系的时间或许远远早于人们所预想的。在牡蛎和蛤壳的残片中间有一根细长的木棍，一端被雕成了球形把手——molinillo（出现于16世纪初的巧克力搅拌棒），可能是西班牙商人将它带到北方的。同样地，在白人踏上这片土地之前，这根木棍可能也是联结佛罗里达与玛雅人和阿兹特克人的纽带。印第安人把可可豆当作通货使用，它们来自亚马孙热带雨林。

印第安人如何捕鱼

　　第一幅有关新世界的图画令欧洲人惊叹不已。这幅水彩画名叫"印第安人如何捕鱼"，作画者是弗吉利亚罗诺克（Roanoke）的约翰·怀特（John White）。1590年这幅画被佛兰德工匠布里·西奥多（Theodor de Bry）制成了版画，刊登在 *Admiranda Narratio* ——托马斯·哈里奥特（Thomas Harriot）在这本刊物中提到了刚被发现的弗吉利亚。

　　这一见闻至今令人叫绝。它表明弗吉利亚的阿尔冈昆印第安人在白人到来之前就已经擅长水产养殖了。两名印第安渔民在船上打捞牡蛎，两名印第安妇女负责生火，她们在剥牡蛎，打算做什锦饭晚餐。画的背景是渔民在养鱼，他们将堤坝旁边的鱼群引入围栏。河口被围栏隔成一块一块的，渔船驱赶着大一点的鱼，然后渔民用渔矛把它们叉上来。这批鱼的个头大、种类多，证明了第一批殖民者发现的有关鱼类丰产的传闻是真实的。

　　怀特的外孙女弗吉利娅（Virginia）是在新世界诞生的第一个基督教徒（生于1587年）。后来怀特回到英格兰，虽然3年后他接受了援救殖民地的任务，弗吉利亚殖民地还是惨遭破坏，弗吉利娅也失踪了。今天，我们仍然可以在伦敦的大英博物馆里找到怀特的伟大艺术遗产。

第一眼的美洲 ——布里·西奥多
《印第安人如何捕鱼》（1590年）
彩色版画，根据约翰·怀特的水彩画创作。

纽约州：贝壳岛

在世界的任何地方，特定的食物在一段时间内都不可避免地会成为重要的食物来源，取决于气候、地理、商贸和文化——例如英国的牛肉、斯堪的纳维亚的腌鱼、泰国的辣椒、新西兰的羔羊肉等。但是，从整个历史背景来看，这些食物只是昙花一现，算是新近出现的。在扰攘的纽约市和纽约州及其周边，牡蛎好似美国的历史。通向皇后区（Queens）的最早出现的牡蛎养殖场铺满了牡蛎壳。曼哈顿的地平线与长岛的牡蛎床交融，长岛市是由碾碎的牡蛎壳建起来的，就像水泥是用石灰做成的那样。

长岛海湾（Long Island Sound），被美洲土著人叫作"Sewanhake"，意思是"贝壳岛屿"。其他沿海殖民地的名称，如巴恩斯特布（Barnstable）、马萨葡萄园岛（Martha's Vineyard）、蒙托克（Montauk）、韦尔弗利特(Wellfleet)、法尔茅斯（Falmouth）和蓝点（Blue Point）都与美洲土著民的历史息息相关。先是辛奈考克牡蛎（Shinnecock，也是某支土著部落的名称），然后是蓝点牡蛎，成为当地最有名的牡蛎品种。

巨型贝冢通常有几英亩宽，它们见证了美洲土著民将牡蛎当作食物和饰物并进行交易的过程，他们还在同样的小海湾里养蛤蜊，把牡蛎当作钱币或贝壳念珠（由打磨的贝壳制作出的圆柱形珠子）。对那些没有金属工具的人来说，这个制作过程好比手艺加体力的活计。荷兰人刚到哈德逊河（Hudson River）就造出了一种货币——在监狱作坊里用铁钻头打磨贝壳念珠，把它们和荷兰盾联结起来，并设定了贩卖回欧洲的生毛皮的定价。短短几年内他们就拥有了所需的全部当地货币。

旅游指南《哥谭市考古历史观光》(*Touring Gotham's Archaeological Past*)上说，自由岛（Liberty Island）在成为自由女神像的故乡之前是一座牡蛎岛。荷兰人叫它大牡蛎岛（Great Oyster Island），而称埃利斯岛（Ellis Island）为小牡蛎岛（Little Oyster Island）。荷兰人行驶在哈德逊河

上时，有560千米的牡蛎床为航队导航，哈德逊河是世上绝无仅有的大规模牡蛎产地。纽约与牡蛎浓情蜜意。各自的故事缠绕在一起，仿佛两股细绳拧成了一股绳。美国通道（又叫纽约通道）是由长岛的牡蛎捕捞工修造的。它是人们按"箱""船"和"蒲式耳"交易牡蛎的实体贸易基地，堪称华尔街的雏形。其他地区的人则不会说牡蛎是他们城市发展的基石。建起这座大都市的动力可能就来自牡蛎。

争抢牡蛎湾所有权预示了美洲大陆土著民的命运。像移民和美洲土著民一样，牡蛎也容易患上来势凶猛、致命性的疾病。在一些情况下，染病的牡蛎会被全部丢弃，混到其他地方的牡蛎群里。土著部落以相同的方式在21世纪重新确定了自己的历史，重新建立传统的家庭纽带，牡蛎也开始根据新定居的海湾的水质恢复健康。

牡蛎床提供安全、方便的食物来源，这是第一批殖民者用牡蛎湾取代土著奴隶的原因所在。我们说，牡蛎环绕着曼哈顿以及其他东北大城市，指的是那些为了淘金或上帝而航行到此的新殖民者发现，指引他们到达目的地的"灯塔"其实是这儿的牡蛎。

城市和牡蛎看似是两种美丽的象征，贝类会变得和度假胜地（渐渐地从牡蛎的栖息地发展起来）一样时尚；同样公平的是，牡蛎在20世纪之交已成为大酒店优雅时髦的代名词，同时又维持着城市建设者的生计。

第一次接触：不敢信任他们

长岛有13个土著部落，居民多数靠海生活或者住在海滨附近。他们划独木舟旅行和做生意；去内陆打猎；清理和开垦浅滩，在草地上种植谷物。每个部落知道自己领地的位置，即便过的是游牧生活。第一批殖民者通过观察贝冢的个数和体积，以及被丢弃到河湾的蛤壳来猜测当地的人口数量。

坊间流传着亨利·哈德逊（Henry Hudson）于1609年发现纽约的传奇故事，当时他带领一队船员（其中一半是荷兰人，一半是英格兰人）试着驶进内陆。他们被一座巨大的（牡蛎）礁石拦住了去路。哈德逊的船友罗伯特·爵特（Robert Juet）有记航海日志的习惯，他在9月3日写道："下午三点，船驶到三条支流前。于是我们把船停在北边，感觉已经身处大河中，但是，我们发现前面有根低低的护栏（据原文记述），而船边的河水只有3米多深。"

然后，故事里写到亨利第一次遇见印第安人时的情景："夜晚，刮起了西北风，我们赶紧收锚，向岸边冲去，所幸没人受伤，地上有沙子和软泥。这天，这个国家的人登上了我们的船，看起来很欢迎我们来这儿，他们拿来了绿烟叶，跟我们交换小刀和珠子。"

第二天：

> "我们的船员上了岸，看到一大群男人、女人和小孩，他
> 们见到船员登岸就上前赠送烟叶。于是，船员走进树林，发现
> 了许多橡树和一些醋栗。有人上船时带回了一些干醋栗，分
> 给我一些。它们吃起来很甜，味道不错。这一天，上船的人很
> 多，有的披着羽毛斗篷，有的穿着各种好皮草做的外衣。有的
> 妇女上船时还带着大麻植物。他们用紫铜烟斗，脖颈挂着各式
> 铜项链。到了晚上他们下船回到岸上，于是我们悄悄地把船开
> 走——不敢信任他们。"

"不敢信任他们"，用来总结殖民者与黄种土著民起冲突的原因再合
适不过，如果白种人和棕种人、佃农和乡绅、大船和独木舟、异教徒和基
督徒之间的关系还不至于很紧张的话。再加上印第安部落有他们自己的政
治对手和议题，这床美洲"棉被"被打上了一块块大小不等的"补丁"。

土著民是如何卖掉纽约的

1639年，长岛的蒙托克酋长（最高首领）威丹奇（Wyandanch）将
纽约苏福克县的加德纳岛（Gardiner's Island）卖给了莱昂·加德纳
（Lyon Gardiner）。加德纳家族的后代现在仍然持有土地权并住在小岛附
近，就像威丹奇的一些后代那样。两个家族之间建立了难以置信、看似
真挚的友谊，尽管这种友谊是建立在野蛮的互利基础上的，最终酋长因
此丧命——被政敌毒死。威丹奇或许是现代美洲的第一位悲剧英雄。

蒙托克族人比其他部落更尊重金融从业者，金融从业者在这里享有
较高的地位，族人们用河口的贝壳制作贝壳念珠并进行交易。蒙托克的

牡蛎床是他们的造币厂。佩科特人据说是命令的执行者。"佩科特人"在阿尔冈昆共享方言中是"破坏者"的意思。他们攻占其他部落,包括蒙托克部落在内。当荷兰人于1615年左右开始在这里交易毛皮时,佩科特人要求享有贸易垄断权,他们派出袭击队偷盗荷兰人的毛皮和贝壳念珠,并要求其他部落民向其效忠并交付赎金。

1637年,罗杰·威廉斯(Roger Williams)——最先将罗德岛的普罗维登斯种植园(Providence Plantation)作为定居点——在信中写道:

> "佩科特人缺少粮食,所以(一贯如此,现在尤其是这样)他们组队来到海边(主要是穆那塔提特海岛和曼图旺)捕捞鲟鱼及其他鱼类,还重新开垦庄稼,防止英国人破坏家乡的田地。"

佩科特人的到来令人心惊胆战。从加德纳留下的记录中发现,他对早期生活的实际状况感觉良好。当他接到与佩科特人开战的命令时,他回信表示:

> "你们安稳地躲在马萨诸塞湾里,看起来与敌人开战没有问题。我只带了24个人,包括成年男女和小孩在内,他们已有两个月没吃东西了,我们得好好保护在家乡3千米外的玉米田,否则一旦打起仗来我们很可能就吃不到玉米了。"

加德纳让家人和士兵躲在堡垒中。在防御土墙外面寻找食物容易遇到危险。佩科特人俘虏了他的两名干将:一人被绑在木棍上活活烧死,另一人被活活剥皮。

加德纳带着10名装备齐整的士兵和3条狗,被身穿遇害殖民者服装的佩科特人袭击。这支队伍"用利刃攻击,不然会被敌人生擒"。一两

卡罗来纳玉米和牡蛎

四人餐

450克玉米面包，切成小块	¼束芹菜，剁碎
450克手工白面包，切成小块	75克羽衣甘蓝，切成细条
4汤匙黄油	3只鸡蛋
5个小洋葱，去皮，均匀剁碎	24只牡蛎，擦洗干净
450克蘑菇，切成条	500毫升牛奶
1束/75～100克新鲜欧芹，剁碎	500毫升鸡汤或菜汤

预先将烤炉加热到140摄氏度，将面包块烘烤1小时。炉温调高到180摄氏度。

在中火加热的大号深底锅里融化3汤匙的黄油，文火煎小洋葱2分钟。放蘑菇、欧芹和芹菜，用文火熬2分钟。放羽衣甘蓝，煮2分钟。将锅从火上移开，把食物倒进大碗里，加入烤熟的面包块。把鸡蛋打碎，均匀搅拌蛋液。将去壳的牡蛎放进混合液里。把所有食材放在一起，再倒足量的牛奶和汤，一份蛋糕状的糊糊就做好了。

将余下的黄油涂在25厘米×40厘米的烤盘上，往里面倒糊糊。在上面盖一层保鲜膜，放进冰箱冷藏至少1小时。再烘焙40分钟，直到显现诱人的棕色。

天后，加德纳记录道："我中了好几支箭……幸好软皮衣保护了我，伤到我的箭只有一支。"

上级为加德纳调配了80名士兵防御要塞。他与莫希干人达成协定，后者出奇制胜，战胜了佩科特人，并放火烧了他们的围栏，敌队无一人幸免。加德纳估计有300人"为了上帝的荣光和祖国的荣耀"而牺牲。这场战争成了一场消耗战。英国人将佩科特人一网打尽。他们将佩科特人卖给其他部落充做奴隶，却要征收人头税。最终，他们将最后一名幸存者卖到了百慕大。

大屠杀之后，酋长威丹奇来看望加德纳，他在沙子里拼写自己的名字，却误拼成了"Waiandance"。"他想知道我们是否憎恨所有印第安人。我回答说'不'，但是这就让英国人遭遇了厄运。他问我那些靠长岛生活的人会不会与我们做买卖。"加德纳说他只和长岛的土著民做生意，前提是"如果你（酋长）杀了所有接近你的佩科特人并把他们的头颅进献给我……于是酋长就照我说的去做了——献给了我5颗人头。"

加德纳一直被刻画为有觉悟、热心建立英国要塞的士兵——温和派人物。他采用新的交流方式从土著人那买到了东汉普顿斯的1.25公顷土地，跨越了今天南安普敦东部到纳佩格（Napeague）西部这片区域。他还购买了20件外套、短柄斧、锄头、小刀、镜子共24个物件，以及100只钻头（用来制作贝壳念珠）。蒙托克人只能享有捕鱼和狩猎的合法权利。仅在23年内，威丹奇就卖给英国殖民者（与他们交换或向其进贡）近2.4万公顷东长岛的土地。

第一批殖民者

早期殖民者多数是欧洲贫穷而绝望的难民。他们有些是强盗、海盗船船员、海上探险者，以及雇佣兵。有些是被驱逐出境的罪犯，或无家可归的放浪水手，有些人是被迫加入殖民行动的，做好了冒一切风险的

杰斐逊港的扇形牡蛎

这份食谱能让你体会到早期拓荒者过的日子，并充分利用手边的食材。这道菜有点像烤马铃薯千层派，只不过主料换成了牡蛎。

四人餐

4个土豆，擦洗干净	2汤匙黄油
24只牡蛎，擦洗干净	1个小青椒，均匀剁碎
黄油，用来涂油	盐和胡椒
饼干屑，用来点缀	115克切达干酪，搓成屑
1茶匙剁碎的新鲜欧芹	375毫升牛奶
1个洋葱，去皮，切片	

将烤炉预先加热到180摄氏度。

在大火加热的中号深底锅里煮带皮土豆15分钟，煮到半熟。凉下来后切丝。在锅上为牡蛎去壳，让汁水滴入锅内。在烤盘上涂黄油，撒上半份饼干屑点缀。先铺一层土豆丝，再铺一层牡蛎肉。每一层上都要撒少许的欧芹末、洋葱片、黄油片、青椒、盐和胡椒粉。接下来继续分层，让土豆层在最上面。用余下的饼干屑和干酪装点最顶层的土豆。再倒些牛奶，与165毫升的牡蛎汤混合，盛盘。烘烤20～25分钟。

准备，不惜犯下任何罪行以改善穷困潦倒的经济状况。接下来的情况只会更惨，士兵们将要在背负为国效力和获得财富之勃勃野心的船长的命令下奋勇杀敌。

"五月花"号等航船载着怀有信仰且热爱自由的流放犯，他们仿佛是夹在老鹰与秃鹫中间的一只只白鸽。第一批殖民者经常和土著部落发生冲突。17世纪40年代末期至50年代初期，有更多英国殖民者登上了美洲大陆。他们带来了牲畜，糟蹋了美洲本地护栏外的玉米作物。英国人还带来了酒，部落民因此意志消沉。他们带来更多的是"白人病"——在100年间，居住在今天阿斯托里亚（Astoria）皇后区和长岛南部、中部大片区域的玛提奈考克部落（Matinecock）几乎消失殆尽。

辛奈考克牡蛎和蓝点牡蛎

辛奈考克部落的成员凶残，令人胆战，但是他们制作的牡蛎壳工艺品受到商贩和敌对部落的崇拜。不像其他土著居民，辛奈考克部落民不会将所有东西都拿来交换，而是在位于长岛的故乡保留120公顷的自留地，这块地已经成了历史纪念，是先辈留下的遗产。富有传奇色彩的蓝点牡蛎得名于这座海湾上升起的蓝色薄雾。印第安人称这里为"Manowtassquot"，意思是"灯心草地"。1654年，国王查理二世（Charles Ⅱ）将蓝点牡蛎作为布鲁克海文（Brookhaven）的专利卖给了温思罗普家族（Winthrop）。交换物是4件外衣和6英镑10先令。牡蛎床属于草甸草场地皮（用来喂养牲畜）的一部分，这些牲畜践踏了当地的谷物。布鲁克海文镇十分挑剔移民，镇民在接纳移民之前会考察他们6个月，"防止他们让镇子变得贫穷"。

1752年，一名康涅狄格商人，汉弗莱·艾弗里（Humphrey Avery）买下了蓝点湾和帕楚格（Patchogue）的土地——还包括蒙托克角（Montauk Point）——但是接下来他发现自己债台高筑，于是请求发放彩票。他将土地分成36块，每块地卖8000张彩票，每张的价格是30先令，这样赚来的钱帮他赎回了大多数土地。艾弗里的儿子约瑟夫于1812年建造了自己的宅地，它现在是镇上最古老的房子。1815年，艾弗里开始在海湾养殖牡蛎种苗。牡蛎产量大，汁多味美。

当时，有关"蓝点"的故事还有其他转折点。当蓝点牡蛎在都市声名鹊起时，斯蒂尔曼（Stillman）家族，这些虔诚的浸礼会教徒便开始在能俯瞰到蓝点湾的贝赛德府邸（Bayside）施行洗礼。渐渐地，越来越多的人前去蓝点湾接受洗礼，这样一来就得在花园四周和沿岸沙滩修建新的更衣间。这些地方渐渐变成了澡堂，租用一次的费用是25美分。最

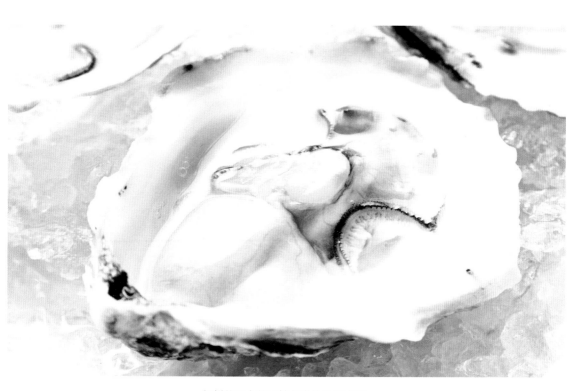

新鲜的蓝点牡蛎躺在半片牡蛎壳里。

终，海滨浴场建起了600间浴室和设施齐全的旅店。牡蛎躺在海湾晒太阳，纽约人则在这里享受日光浴，默默祈祷。

殖民

在英国的管理下，纽约市与英国人共同从事奴隶贸易，甚至将多余的腌牡蛎送到南方种植园。到了1750年，纽约的奴隶与查尔斯顿的一样多。纽黑文供养着西印度群岛上的一座奴隶种植园。从（最早）1640年到1890年，纽黑文将食物、家禽和木材运到了加勒比群岛（Caribbean islands）。牲畜被赶到小型单桅帆船和双桅纵帆船的甲板上，面粉和蔬菜则存放在船舱里。捕到的上等鱼送往欧洲天主教国家，次等的鱼送给市民多数为中产阶级的波士顿，剩下的则送往南方喂养奴隶。

牡蛎还为城里的黑人提供了获得自由的方式。许多黑人喜欢沿街驾着马车，让马车停在犹太人居住区贩卖牡蛎，他们将这视为一种廉价的谋生方式。海边有一座斯塔顿岛（Staten Island），那里土壤贫瘠，算是一座标志性的沙岛。土壤中的沙子使这里适合种草莓。然而，是牡蛎让经验尚浅的黑人社群得以维持生计，并为他们提供了经济基础设施。为了支持牡蛎贸易，黑人社群造出了渔船；编篮子盛装牡蛎；变成铁匠，铸造夹具和耙子来疏浚海床；用牡蛎换砖块，修建大房子；草莓丰收后，他们把草莓拿到曼哈顿的华盛顿市集贩卖，他们做被子的技术也闻名遐迩。沙质区（Sandy Ground）是北美自由黑奴最早的聚居区。当地名叫康内留斯·范德比尔特（Cornelius Vanderbilt）的人与黑奴展开竞争，也开始向华盛顿市场供应牡蛎，后来成了一名航运大亨。

撬牡蛎、洗牡蛎和测量牡蛎

1820年，在康涅狄格州的纽黑文附近，首次出现了美洲牡蛎商业化景象。之前，人们普遍习惯待在家里剥牡蛎，卖给邻村居民或商贩。到

瓦恩普莱特装罐公司（Varn & Platt Canning Company）的牡蛎剥壳工。布拉夫顿（Bluffton），南卡罗来纳，1913年。奴隶制被推翻之后，牡蛎产业为非裔美国人，包括成年人和小孩，提供了谋生手段。

了1820年，商人开始将牡蛎肉放在小木桶里或方形锡罐中，带去更远的地方出售。牡蛎检查员欧内斯特·英格索尔（Ernest Ingersoll）报告称：

> "有负责剥壳、刷洗、测量、充填和包装的人，每一组只干一种活……一般，牡蛎会直接从船上运到剥牡蛎的人那里，他们的活很重，组员包括女人和男孩，周薪为5~9美元不等。"

牡蛎能通过"刺戳法"去壳——把短刀插进牡蛎的足跟，将肉从壳里切下来。还能用"击碎法"——用小棒、刀背或锤子敲开牡蛎壳头部的边缘，好让刀刃伸进去。从19世纪中叶到末期这段时间，牡蛎已经到达了时尚的巅峰。英格索尔再次写道：

"没有牡蛎的夜晚了无生趣；真正的主人是不会忘记端上'这道甘美的双壳贝'的，因为这是宾客的必点菜。每座镇子都有牡蛎店、牡蛎窖、牡蛎沙龙，以及牡蛎吧、牡蛎馆、牡蛎摊和牡蛎餐厅。"

小贩挨家挨户地叫卖着牡蛎：

"牡蛎经腌制、炖煮、烘、烤、煎炸，有时会放在扇贝壳里烘烤；人们用牡蛎熬汤，制作小馅饼和布丁；有的加调味料，而有的没加；牡蛎出现在一日三餐里；像纯净的空气般新鲜，几乎取之不尽，每天不定量或无限量地供应给曼哈顿人（纽约人）品尝。大自然的慷慨馈赠理应能够激发他们的感激之情。"

牡蛎壳也有多种妙用——铺设马路和人行道，砌码头、低地、防御工事和铁道路堤，作为航船的压舱物、石灰的原材料、农田的"甜味剂"、肥料和水泥混合物的成分。

世纪之交（19世纪末20世纪初），牡蛎壳铺路耗费的成本是每蒲式耳15美分。新英格兰海滨小镇的石灰窑一度只采用牡蛎壳。医药界在药丸中加入碾碎的牡蛎壳，为了防止骨质疏松症。牡蛎壳还能用来制作颜料、塑料和橡胶，其被认为是钙的主要来源。

红灯区和饭店

据记载，纽约第一家卖牡蛎的沙龙是1763年宽街（Broad Street）上的一家牡蛎窖。深夜，在曼哈顿不眠夜市上炖牡蛎是纽约的一项传统习俗，牡蛎窖也是传统建筑之一——顺着有红色气球和蜡烛的人行道旁的楼梯井，就可以到达地下酒吧，这是所谓的红灯区的早期样貌。

牡蛎地下室是男人的堡垒。唯一允许入场的女性是性工作者。经常光顾这些牡蛎地下室的男人不值得尊重，就像纽约的乔治·G. 福斯特（George G. Foster）在1850年强调的那样：

> "女人当然都是一个样的——而在男人堆里你会发现（带着好奇去观察）受人尊敬的法官、少年犯、虔诚的伪君子、坦然的浪荡子。有时，赌棍和小白脸、成功人士、痴情汉、文雅的扒手和窃贼甚至也会混迹在这些声色犬马的地洞里。"

就像在罗马，牡蛎喜欢待在那些能污化名节的地方。整条宽街成了牡蛎表演中心，就连富尔顿鱼市（Fulton）的小贩也能一天卖出5万只牡蛎。较体面的顾客会前往华尔街角的唐宁家族酒吧。托马斯·唐宁（Thomas Downing）这位自由黑奴也对其他贩运生意感兴趣，例如把黑奴藏进地下室，将他们运到加拿大。

牡蛎和脆饼干

到1900年，纽约市人口已达460万人，一天共计吃掉100万只牡蛎。有数据突显了这个时期掀起的热潮——纽约人每人平均一年要吃掉660只牡蛎，伦敦是60只，巴黎只有26只。

有人慕名前来河口购买牡蛎，饭店经常会向顾客列出10～15种牡蛎。当时，耳熟能详的牡蛎名称包括：马尔皮克、威尔弗利特、纽黑文、马鞍石、蓝点、洛克威、力登湾、什鲁斯伯里和奥林匹亚斯。

　　凡是有牡蛎餐的地方就会有牡蛎脆饼干，尤其是煎炸或焖煮的牡蛎。爱吃饼干的水手会把牡蛎饼干带上船。起初，烘焙这些饼干时只会加面粉、盐、起酥油、酵母，把面糊摊平、翻转，再卷起，烘烤时间达25分钟。

　　英国人亚当·埃克斯顿（Adam Exton）声称自己于1847年在新泽西创立了第一家饼干工厂。一年后，他遇到一位竞争对手 —— 伊齐基尔·普伦（Ezekiel Pullen）—— 他当时已经开始在自家厨房里烘焙"原味特伦顿（Trenton）饼干"了。伊齐基尔驾着马车沿着特伦顿街叫卖饼干。马里恩·哈兰德（Marion Harland）在《居家常识》（*Common Sense in the Household*，1873年）中指导人们做饼干时要"持续捶打面团半个钟头"，这样可能会让家政厨师放弃做饼干。

第一批牙签

　　饭店经常会以牡蛎取名，尤其是蓝点饭店，它风格时尚，张扬不羁。于1879年在布鲁克林的富尔顿街开业，以36盏华丽的煤气灯（在停电时提供保障）、雕花玻璃枝形吊灯，以及桃花心木餐桌出名。纽约首创饭店是由一家糖果店改造的，主打异国风情的欧陆法餐 —— 纽堡龙虾是这家店的独创菜肴 —— 并提供精品牡蛎。百老汇的瑞克特餐厅（Rector）时常得到美食慈善家和铁路巨头 —— 钻石王老五吉姆·布雷迪（Jim Brady）的赏光，他习惯点4打琳哈芬牡蛎（Lynnhavens）当开胃菜 —— 它们比蓝点牡蛎长5～7厘米。有天晚上吉姆与女友 —— 女演员莉莲·罗素（Lillian Russell）吃了12只螃蟹，喝了好几碗乌龟汤，品尝了水龟肉、鸭肉、牛排、五六只龙虾，蔬菜什锦和糕点，共吃掉910克巧克力。

　　在毗邻的波士顿有家联合牡蛎馆（Union Oyster House），在1826年开业，它是美国经营至今最古老的饭店，店名起初叫"阿特伍德培根牡蛎馆"（Attwood and Bacon's Oyster House）。正是这家饭店发明了牙签 —— 在一

Stellar Bay

Fanny Bay

Kumamoto

Olympic Miyagi

Marionpoint

Gold Creek

Blue Point

Louisiana

Moonstone

Wellfleet

Katama Bay

OYSTERS

美国牡蛎品种集锦，约翰·伯格因（John Burgoyne）绘。

次宣传活动中，饿着肚子的学生被请来演示如何使用牙签文雅地吃牡蛎。

新开业的奢华酒店，华尔道夫假日酒店（Waldorf Astoria）和瑞吉酒店（St. Regis）将牡蛎餐作为一种时尚标志。列车上的豪华餐车也提供牡蛎餐。列车厨师烹饪技艺精湛，能做出多达35道主菜，仅牡蛎的摆盘方式就有七八种。1857年，詹姆斯·布坎南（James Buchanan）就任总统，为就职晚宴订了400加仑的牡蛎。

同一时期，街角出现了上千辆装着牡蛎的手推车，有的牡蛎带壳卖，有的去了壳夹在热狗里卖给穷人（纽约牡蛎热狗出现的时间早于著名的新奥尔良穷汉三明治）。大多数时候牡蛎是带壳的，里面淋了些柠檬汁或醋。

炖牡蛎成了美国传统的周日晚餐。这道菜对娴熟的厨师来说是手到擒来——用奶油或牛奶微煮牡蛎，加黄油增味，撒上红椒粉或香芹盐，几分钟就可以出锅了。

美国社会名流兼美食家费雪写了一篇美文《牡蛎之书》，于1941年首次出版。她寻思为何美国的词典编纂者从来没有在词典中给"炖牡蛎"一个恰当的定义——在法语中炖牡蛎会被翻译成"ragoût"——她坚持认为应该将"炖牡蛎"归为汤类，显然这样会延长这道菜的烹饪时间：

> "有没有这种可能？当他们还是孩子时，从来不曾体会到冬季的周日晚餐所带来的令人舒适的愉悦感；桌上有饼干，冒着热气的黄油奶油炖牡蛎（用盖碗盛着），甚是丰盛。"

另一家著名的牡蛎馆恰好出现在这波热潮的巅峰期之后，它是曼哈顿的中央车站牡蛎餐吧（Grand Central Oyster Bar and Restaurant）。餐馆建于1913年，没有随大流，而是建在纽约中央车站附近，每年会用超过28.3万只牡蛎做特色烤牡蛎和炖牡蛎——日均订购量达600份。另外，每年生吃的牡蛎达170万只，超过一半是蓝点牡蛎。

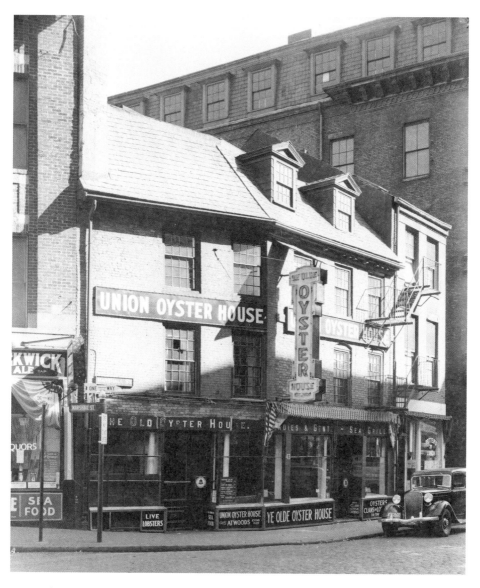

联合牡蛎馆，20世纪30年代拍摄。1826年该店首次开业，现在是美国营业较久的餐厅之一。在一次广告宣传活动中，几名饥饿的学生被请来演示如何使用牙签文雅地吃牡蛎。

炖"中央车站"牡蛎

桑迪·英格博（Sandy Ingber），中央车站牡蛎吧的行政主厨，分享了该店的经典炖牡蛎食谱："我们在后厨制作炖牡蛎和盘烤牡蛎。把牡蛎放进旋转的锅里，用市供蒸汽加热。锅变烫就意味着厨师科莫·乌丁（Komor Uddin）只需等2.5分钟就能将牡蛎炖好——他从1988年起就这么做了。"

一人餐

60毫升蛤蜊汁，或者60毫升水和	6只牡蛎，去壳，保留汁水
¼茶匙的蛤蜊底料	2杯混合物（含250毫升全脂牛奶和250
1汤匙黄油	毫升稀奶油）
½茶匙伍斯特辣酱油	红辣椒粉
¼茶匙香芹盐	饼干，配餐

把蛤蜊汁、黄油、伍斯特辣酱油和香芹盐放进深底锅里，用大火加热。当黄油融化时再往锅里放牡蛎和牡蛎汁，一边煮一边搅拌，直到牡蛎的边缘开始起褶。用篦式漏勺舀出牡蛎，保温。搅拌混合物（牛奶和稀奶油），在烹煮的过程中不时搅拌，直到沸腾。将牡蛎放回锅里，关火。把炖牡蛎倒进加热过的汤盘中。撒一撮红椒粉，和牡蛎饼干一起上菜。

纽约中央车站牡蛎餐吧的点菜板。

149

切萨皮克的传奇

第一批殖民者称切萨皮克湾为世界上最华丽的海湾。这类评论传到欧洲人那里，为很多投资者、渔船、探险家提供了灵感，并鼓励更多的人航行到此。

早期，切萨皮克的风景是一些地名的来源，例如，"大贝壳湾和水之母"在美洲土著语-阿尔冈琴语中是"Tschiswapeki"，它可以拼写为"Chesepioc"。"阿尔冈琴"本意是"建在大河上的国度"，就像河流有许多支流和水湾一样，阿尔冈琴语被分成了供不同部落使用的多种方言。

切萨皮克山谷是在上个冰河世纪末形成的，距今已有1.2万～1.8万年的历史。当冰川融化时，海水漫过山谷和萨斯奎哈纳河（Susquehanna River）的入口，形成一座巨大的水湾，一路沿着库珀斯敦（Cooperstown）、纽约到达南弗吉利亚，总长320千米，途中由48条主干河流和100条支流补给水源。含盐量较高的大西洋洋流，与从这些支流流出的淡水汇集到一起，这座水湾在几个世纪里一直是全球第二大牡蛎床的所在地（仅次于哈德逊河），这得归因于当地生态系统的复杂性、规模和成熟度。当然，水湾也成了各方激烈争抢、梦寐以求的宝地。切萨皮克仅凭名称就能激发如此多的灵感，对美国早期历史来说自然是至关重要的。

在早期殖民者眼中，河口含盐量——北面含0%，近海区域达到3.5%——不只是对牡蛎意义重大。整个冬季能在这里腌制食物成了附近居民的救命稻草，相较于住在北边和内陆的殖民者来说，南边和沿海的殖民者能因此获得更大的商贸优势。乔治·华盛顿（George Washington）要做一项赚钱的生意，把腌制鲱鱼先后在北部、西印度群岛种植园出售，获利丰厚。

牡蛎的数量实为惊人。水堤上面都是，船必须绕行。

它们的个头远远超过英格兰的，实际上大了4倍。

弗兰西斯·路易斯·米歇尔（Francis Louis Michel），1701年。

切萨皮克湾是美国最大的河口，可航行的海岸线长达6400千米。尽管最宽的地方有48千米——早期殖民者为"炮弹飞不过去"而气愤——大部分水域很浅，基本不超过6.7米深，所以太阳能暖暖地照着草场、浮游生物，以及在河床上游来游去的海洋生物。你们可以细心观察显微镜下的一滴河水，以及供养微生物和海洋动物的清泉。

切萨皮克是诸多大事件的地标——美洲印第安人之战、公海海盗活动、美国内战、封地之争，以及20世纪在受污染废弃的海域进行的交易。你们可能会疑惑切萨皮克是否比美国西部还要辽阔。有1万多片残骸沉没于水下，废弃了、碎裂了——它们是纪念西班牙与英国、弗吉利亚人和马里兰人相互争战的碑石。富豪的周末游艇会就在这段纷争不息的血腥历史上举行。

这些冲突和贸易影响了当地的语言，创造了有趣的名字，例如"Chincoteague"，意思是"水上美丽之地"；"skipjack"，原先是指跃过水面的鱼，现在指航行在海上的纵帆船，金字塔状的船帆保证船在承载大批牡蛎时不会侧翻。还有些变形词，例如"Pocomoke"，意为"暗河"，现在基本上成了一座自然保护公园，原先是新英格兰捕猎者的轮渡点。

名字，意味着什么

许多古老的美洲土著名称在弗吉利亚留存下来：例如有雾的地方（Onancock）、沼泽低地（Poquoson）、在河水尽头的人（Manassas）、岩湾（Assawoman）、沙蝇河（Pungoteague）。

广衮的自然画室

都市发展——费兹·亨利（Fitz Henry），《巴尔的摩的风光》，约1850年。

河面波光粼粼，阳光把河水染成了金色；波浪就像泼洒在帆布上的油彩，不知怎的，看起来有点像透纳水彩画的画风。在一年中的其他时候，这里会降尘雾，天地被刷成了蓝白色。洗船之前要观察云朵的形状。平坦的河口一望无际，风平浪静时光线多变，令人炫目，用相机能轻易拍下带状的草地、沙洲和老树的倩影。在黎明和黄昏显现的水平光线是摄影师的法宝。切萨皮克好似一间广袤的自然画室。

难怪，外光派（luminism）之父纳撒尼尔·罗杰斯·莱恩（Nathaniel Rogers Lane）会把家乡切萨皮克选作星空画的背景，特色体现在突出广阔的天空和注重细节的精神。之后，他改名为费兹·亨利·莱恩（Fitz Henry Lane），仍然专注于航海主题风格。俯瞰"巴尔的摩的风光"（1850年）——这儿是罐头之乡，是依靠牡蛎生意发达的河滨。家境富裕的孩子来这里玩耍，你可以看到远处耸立的高楼。

许多河流保留了土名。只要看一眼早期的地图你就会发现，土著部落是如何通过河堤、支流划界的，河堤和支流好比是天然的分界线。马塔波尼河（Mattaponi）和帕穆恩基（Pamunkey）都是河流名称，也是留存至今的两块保留地的名称。还有富含诗意的"Rappahannock River"，意为"波涛汹涌的海潮"。"Potomac"指"卖东西的地方"——外地人来到这条河上做买卖。弗吉利亚厄本那镇（Urbanna）也表示"贸易场所"。镇上原来有座牡蛎床和烟草种植园，现在仍会举办年度牡蛎狂欢节。

其他地名（包括镇名和县名）是仿照英国地名取的——吉尔福德（Guildford）、米德尔塞克斯（Middlesex）、迪尔（Deal）、斯托克顿（Stockton）、牛津（Oxford）、剑桥（Cambridge）、里士满（Richmond）、苏塞克斯（Sussex）、萨福克（Suffolk）、萨默塞特（Somerset）、格洛斯特（Gloucester）、埃克斯穆尔（Exmoor）、兰开斯特（Lancaster）、朴次茅斯（Portsmouth）——就像得了"思乡病"。之后人们对效忠威廉王（King William）和乔治王（King George），以及查尔斯角（Cape Charles）产生怀疑。但是仍然有地方叫作法国镇（Frenchtown）、维也纳（Vienna）、马其顿（Macedonia）、苏格兰（Scotland）、巴黎（Paris）和基尔马诺克（Kilmarnock）这类名称。敦夫里斯港（Dumfries）威胁到波士顿和纽约的地位，不过在1763年左右这里开始堆积泥沙。它在美国内战期间被占领，主要农作物由烟草变成小麦和甘蔗。

更多的宗教元素体现在戒酒镇（Temperanceville）——出售这块地的条件是，这里禁饮威士忌。有些地名可以按照字面意思理解：女人湾（Woman's Bay）、妇人区（Dames Quarter）、现钞镇（Cashville）、恶棍岛（Rogues'Island）或者粗浅的泥泞（Muddy）。还有些地名只能让人猜意思——为什么叫Halfman Island（岛上住着只剩半截的人吗）、Mantrap Gut（海峡上有捕人陷阱吗）？

地名也会发生变化。谦逊镇（Modest Town）在1836年受到外界注意，因为那里有巨大的牡蛎床和发达的渔业。最初，镇子是以两名女子的姓名命名的，她们为渔民提供寄宿站，1861年镇名改成了马普镇（Mappsville），曾一度改回原来的名字谦逊镇，后来叫作桑德兰廊道（Sunderland Hall）。

没有哪个地名能像双壳镇（Bivalve）这样浅显易懂，这座小镇位于楠蒂科克河（Nanticoke River）的东岸，这条河会流入马里兰州威科米科县（Wicomico）的切萨皮克。双壳镇原先叫沃克斯镇（Waltersville），以拥有种植园和港口权的家族名称命名，而在1887年，随着邮局开业，家族需要使用新的名称，避免与另一座镇子——可能是弗雷德里克县（Frederick）的沃克斯镇（Walkersville）——撞名。邮局局长埃尔里克·威林（Elrick Willing）在镇名更改后对它施行了一次洗礼。听上去更有趣的"威科米科"是指"建造房屋的地方"。

500英亩的暗礁

据说，第一个发现切萨皮克的欧洲人可能是维京探险家托尔芬·卡尔塞夫尼（Thorfinn Karlsefni），时间是11世纪。还有人说意大利的乔瓦尼·达·维拉扎诺（Giovanni da Verrazzano）早在1524年就沿着南、北卡罗来纳州的海岸航行到了缅因州。之后又出现另一种观点，认为西班牙人佩德罗·梅内德斯·德·阿维莱斯（Pedro Menendez de Aviles）在1566年发现了圣奥古斯丁。1572年，印第安人在约克河屠杀了一群西班牙耶稣会信徒。不过，早期的接触一般发生在海上，欧洲船队来到深海捕鱼，把捕到的鳕鱼带回去——"鳕鱼角"（Cape Cod）由此得名——这里流传着印第安人的恐怖故事，说他们"用贝壳活剐人皮"。

印第安人喜欢生吃牡蛎，或者在火上烤着吃，用剩下的壳交换物件和饰品。丢弃的牡蛎壳堆成了一座巨大的贝壳堆，每年越堆越高。这些壳堆规模不小，但并非相互独立。据记载，最大的贝冢有7米高，占地12公顷，位于波托马可河（Potomac）的教皇溪（Popes Creek）附近。马里兰州的克里斯菲尔德港口镇（Crisfield）建在沼泽地上，地里填塞的是牡蛎壳。这件事令人好奇，自1663年建成以来这座港口镇就一直在推销自己。

在现代意义上，这些牡蛎也不会暗暗地躺在河床上。殖民者初次到来时，发现巨大的暗礁会在退潮时露出水面，牡蛎世世代代在这里繁殖、汇集。这些礁石好比河口的肺，过滤掉浮游生物，净化了海水。据说，这片海域清澈得能让人看清水下6米深的地方。

瑞士旅行家弗朗西斯·路易斯·米歇尔在1701年写道：

> "牡蛎的数量惊人。水堤上面都是，船必须绕行。把我们送到国王溪（King's Creek）的单桅帆船撞上了牡蛎床，我们得在那里等约2小时，等到涨潮为止。"

据估计，暗礁可能已有5000岁。马克·吐温写道："在海平面以上150米的地方，有座陡直的堤岸高达3米或4.5米，露出三条牡蛎壳岩脉，就像我们看到石英岩脉裸露在内华达州或蒙大拿州一样。"

现实中的宝嘉康蒂（Pocahontas）

早期著名探险家，约翰·史密斯（John Smith）船长于1608年受到印第安人的热情接待，他们赠予他许多礼物。可能因为他是出手大方的商人——来他们这儿购买食物，防止第一批殖民者饿死。史密斯让同伴吃鲟鱼和牡蛎维持生命。他生动描述了初次与印第安人相遇的情景：

> "我们刚驶入托克沃（Tockwogh）河，土著人就带上武器驾着船围过来；碰巧有人会说酋长坡沃坦（Powhatan）的语言，劝其他人与我们友好商谈；可是，当他们看到我们带着玛莎沃门克（Massawomecks）部落的武器时，就领我们去他们的小镇——它被盖着树皮的栅栏围起来，山尖形的支架上规整地裹着树皮；他们领我们去见镇上的男人、女人和小孩，欣赏歌舞、毛皮，品尝水果、鱼肉，以及做其他有趣的事情，他们铺好毯子请我们坐下，由衷地对我们的到来表示欢迎。"

宝嘉康蒂，是酋长首领的女儿，她与约翰·史密斯成了朋友，起初殖民者经常光临詹姆斯敦，给她带来急需的食物。然而，随着殖民定居点的增多，殖民者与酋长的冲突持续升温。在1613年的对抗中，宝嘉康蒂被英军俘虏，他们把她当作人质向印第安人索要赎金。最后，她皈依了基督教，嫁给一位英国人，漂洋过海来到英格兰，1617年在乘船返回故土的途中死去。回首往事可以看出，宝嘉康蒂成了欲望的象征（如果确实存在），它存在于早期殖民者和美洲印第安人之间。

大部落苏斯克汉诺克（Susquehannock）征服了切萨皮克的小部落。白人在圣玛丽市建立了第一座定居点，因为当地部落优克美克（Yoacomacoes）在1634年3月遭到苏斯克汉诺克袭击后逃走了。这里没有剩下其他部落的族人，殖民者可以在这种植庄稼。印第安人甚至还教殖民者如何捕鱼、采集牡蛎；牡蛎的量非常充足，注定要被人捕捞。印第安人聚在一起建立了联合部落（Piscataways），大本营距离今天的华盛顿市中心只有16千米。联合部落包括来自马里兰州南部的多个部落。和长岛的情况一样，这些小部落发现与装备齐全的殖民者和士兵做朋友，共同面对险境是有好处的。

印第安人看待牡蛎湾的视角和白人殖民者是相同的。他们不愿过安定的生活或耕种田地，而是喜欢打猎、攻袭，驾船顺河口而下，展现强大的力量。水下的任何事物对他们来说都没有价值。他们只喜欢过来拿完东西就走。后来，这些印第安人甚至试着把牡蛎湾当作保留地，不过没有成功。

黑皮肤的小伙子

对许多黑人来说，在船上做工代表自由和进步，无论条件有多么艰苦。这份工作也能让他们得到社群的尊重，因为他们从世界其他地方为社群成员带回了新见闻。1796年，联邦政府签发了海员保护证，将这些做买卖的黑人船员定义为"居民"——他们是美洲第一批黑人居民。他们被称为黑杰克。

Mﬅoaks als Rebecka daughter to the mighty Prince Powhatan Emperour of Attanoughkomouck als Virginia converted and baptized in the Christian faith, and Wife to the wor:ll M:r Tho: Rolff.

Ætatis suæ 21. A°.1616.

"宝嘉康蒂"油画、画家佚名。创作的时间晚于西蒙·范·德·帕斯（Simon van de Passe）在1616年创作的同名版画——有关她的唯一一幅现代肖像画。

159

其他规定相比之下带有明显的种族和报复色彩。1836年，有一条马里兰法案阻止黑人担任大船的船长（这类船需要登记）。若有船主违法，他们的船就会被没收和卖掉。举报者将得到收益的一半。

然而，从事牡蛎行业是黑人的自发追求，此外便没有更好的生存办法了。这份工作基本不会产生开支，只要人们对海鲜有较大需求，任何人都可以依靠大公司过上不错的生活，而后者会承担较大的风险。采捞牡蛎是黑人最赚钱的工作。

用传统钳子采捞比较费体力，天气越差，在深海作业就越辛苦。这些钳子的长度从2～7米不等，有两把钉耙接在一起那么长，齿钩能将牡蛎从礁石上钳下来并丢进篮筐。慢工出细活，这份工作要求严格，难度较大，需要高超的技术和随时调整速度，但是对许多黑人来说，尤其是内战之后，牡蛎贸易为他们提供了自给自足的机会，无论这份工作有多

黑人用牡蛎钳从渔船的一侧采捞牡蛎，切萨皮克湾，约1905年。

么艰苦。到了1890年，就有超过3.2万人（半数以上是自由黑奴）在马里兰州从事牡蛎贸易。

靠牡蛎为生的家庭大多住在岸边的两居室木屋里。它们组成社区，彼此独立，他们会遭到英国富人和律师的冷眼，后者已经靠买卖烟草、水果或其他贸易发家致富了。海上是全新的世界：危险、艰苦，船员只能喝酒，用大锅煮饭，吃腌肉、面包，当然也吃牡蛎。他们在压迫下形成了社群意识。如果有水手关心宗教信仰，会选择相信其他形式的基督教，例如贵格会和长老制。海上生活很节俭。冬季，海面上会结冰，气候严寒。女人到了25岁会因生育耗尽精力，男人到了这个年龄会头发花白。夏季会招来携带疟疾的蚊子，还有蜘蛛、大黄蜂和胡蜂，以及偶尔降临的破坏力十足的飓风。

那些靠海为生的人群十分贫困。在新兴城市，人们看似过上了好日子，农耕社群的影响力渐渐提高。不羁的水手及其家人习惯穿条纹上衣，把裤子卷到膝盖，傲慢地戴着圆顶小帽。夏季，他们用船将西瓜、腌鱼和红薯运进城里。他们不易相处，性格叛逆，建立了自己的民族。他们生活在新兴社会的边缘，这一事实让他们和赖以为生的牡蛎床在政治上相较于其他试图利用牡蛎湾的既定利益者而言 —— 包括20世纪出现的化学公司、房地产开发商，甚至还包括捕鱼运动队，处于弱势地位。

克里斯菲尔德：酒馆皇后

在牡蛎业发展之初，东部的克里斯菲尔德与西部的旧金山一样臭名远扬。克里斯菲尔德原先叫萨默斯湾，得名于本杰明·萨默斯（Benjamin Somers），他获赠安南塞克斯附近的120公顷的土地。租用土地的客商不断变更，约1866年，有个来自萨默塞特县的著名律师 —— 约翰·伍德兰·克里斯菲尔德（John Woodland Crisfield）发现这里的渔业前景一片光明。他打算将铁路架设到港口，这样渔民就能直接将捕到的海鲜运到波士顿了。据说，这座小镇因克里斯菲尔德的远见卓识嘉奖了他。还有人说他是个体形较胖、行动冒失的人，在港口进行现场检查时，不小心踩塌了一块木板，掉进河里。小镇抚慰他的唯一办法是，以他的名字命名这座小镇。

无论情况怎样，码头上的水手络绎不绝，附近酒吧里人满为患。有人赌博、通奸、酗酒，后来赌博和酗酒的人变得更多，这是牡蛎捕捞工的主要恶习。克里斯菲尔德堪称当时的拉斯维加斯。许多渔船登记为巴尔的摩渔船，其中很多为了运送牡蛎而往返于克里斯菲尔德和切萨皮克之间，以此维持基本的生活。

内战后，铁路使克里斯菲尔德成了商贸新贵，发展成一座建在高跷上摇摆不定的暴富之都，四周被停泊的船只包围。"诺福克市"号的乘客对白天游览时所目睹的景象感到震惊。约翰·R. 温勒斯丁（John R. Wennersten）在《切萨皮克湾的牡蛎战争》（*The Oyster Wars of Chesapeake Bay*）中解释说："他们惊讶地发现了一座建在高跷上的贫民窟，到处是鱼竿和堆成金字塔状的、大小规格各异的渔船。像克里斯菲尔德这样建在牡蛎壳上的牡蛎镇，就好比是酒馆皇后，或者丹吉尔海峡（Tangier Sound）牡蛎帝国的女主人。"

对穷人、初来乍到者，以及被剥夺公民权的奴隶来说，克里斯菲尔德是他们的麦加 —— 许多剥壳工都是黑人，如果有人能在短短五秒钟内剥开一只牡蛎，再把它传给"去污工"冲洗，这个人就会被大加赞赏。工资结算以加仑为标准（剥了壳的牡蛎重几加仑）。当时，每加仑赚3.5美元已相当不错。

带壳的牡蛎

把所有佐料放进牡蛎壳中，用烤炉烤——饭店经典菜肴。保证壳上不留污垢，壳里的铰合位也要去掉。

赌场（Casino）

用黄油煮小洋葱块和红椒块5分钟。撒上红椒粉，加入刚刚切好的欧芹碎。往每只牡蛎壳里放1茶匙的混合料，用1片培根盖住。烤5分钟。

波旁酒（Bourbon）

将大蒜末和墨西哥胡椒混合黄油放进研钵里，用研杵捣碎、搅匀。放一点糖和少量波旁酒。往每只牡蛎壳里放入½茶匙的混合料，烤3分钟。

欧洲大陆（Continental）

用小号深底锅焖煮小洋葱块和黄油大蒜。番茄去皮、去籽，剁碎，加进混合料中。撒上胡椒或辣椒粉。炖5分钟，往上面倒一杯白兰地。煮1分钟，让酒精蒸发掉，然后放牡蛎。煮1分钟后再把牡蛎舀回壳里。

可怜人（Poor Man）

将月桂叶和百里香放入一杯红酒醋中煮制，直到红酒蒸发。倒一杯波特酒，再次蒸发，直到锅底发黏。倒一杯红葡萄酒，煮到沸腾后关火。放小洋葱块和香葱末。把混合料盛在牡蛎壳里，摆在去壳的牡蛎肉旁边做配菜。

南部

　　虽然南部是西班牙征服者在美洲发现的第一块土地，殖民活动却是在较晚时期开始的——一些法国殖民者是来自加拿大的第二代殖民者。最东边，来自佐治亚和阿拉巴马的美洲土著民于18世纪初进一步向南方迁移并定居下来。阿巴拉契科拉（Apalachicola）的意思是"在另一边的人"。在河湾附近同样能发现有关首座土著文明的早期巨型贝丘。博物学家威廉姆·巴特拉姆（William Bartram）在1792年写道，他发现从萨凡纳河（Savannah River）悬崖边伸出来的牡蛎长达40～50厘米，"内腔容得下一个正常成人的脚"。地理学家推测这类牡蛎早在公元前5000万年就出现了。佐治亚伯克县（Burke）的白垩纪布拉夫牡蛎（Shell Bluff）高达30米，因一场史前灾难而留下的残骸和泥土裹着牡蛎壳，壳体依旧保持完整。这里曾经可能是一条海岸线。

　　人们在墨西哥湾附近，马德雷湖（Laguna Madre）下游和西边的阿兰萨斯湾（Aransas Bay）发现了牡蛎，法国人穿过卡尤湖（Caillou Lake）和泰勒博恩湾（Terrebonne Bay）的河道支流定居下来，两地位于密西西比海峡（Mississippi Sound）到莫比尔湾（Mobile Bay）和东边的阿巴拉契科拉湾这段路的附近。有些暗礁巨大，早期地图将其标记为"危险海域"。

　　在墨西哥湾附近的各州，牡蛎业落后于东海岸100年，直到铁路铺到这里，它开启了墨西哥湾和新兴城市新奥尔良、拉斐特（Lafayette）和巴吞鲁日（Baton Rouge）之间的贸易。

　　得克萨斯州有个传说，它告诉人们突击队员如何在牡蛎湾围捕叛逃的印第安人。牡蛎湾夹在科珀斯克里斯蒂（Corpus Christi）附近的绝壁和海域之间。治安官安营扎寨，守了一夜伺机进攻印第安人。第二天清晨，沙滩空无一人，印第安人不知去向。剩下的唯有一串马蹄印，一路

> 这片海岸叫纽芬兰浅滩，是牡蛎的王国，而圣劳伦斯湾与圣劳伦斯河是鳕鱼的王国。渔船靠近的这些低地被树丛隔开，周围有无数只小牡蛎，尝起来味道鲜美。其他种类的牡蛎个头较大，味道一般，数量多到能筑堤，乍一看以为它是顶部刚刚没入水下的岩石。

皮埃尔·德·拉·夏利华（Pierre de la Charlevoix），
《新法兰西历史和概述》（histoire et description generale de la nouvelle France）

延伸到无路可走的海水里。事实上，印第安人是从礁岩上逃走的，礁岩好似一架无形的桥梁，由水下相连的一座座牡蛎床构成，它们与纽埃西斯湾（Nueces）连接，低潮处的礁岩能承重货车和马匹，方便印第安人逃离。涨潮时礁岩（道路）会被海水淹没。

游牧民沿着岸边的牧草场，一路从加尔维斯敦（Galveston）到达科珀斯克里斯蒂。他们身高1.8米，体格健壮，肌肉发达。初次遇见殖民者时他们没穿衣服，下嘴唇和乳头上有穿孔，身上涂了短吻鳄油，以防被蚊虫叮咬。1528年，西班牙探险者卡韦萨·巴卡（Cabeza de Vaca）遭遇海难，后来被这些游牧民救上来，他记录了这些人的勇武表现："他们在烈日下赤裸身体……冬季，在破晓时分出门洗澡……身体能击碎冰块。"巴卡说游牧民能让箭从一头熊的身体里穿过去，熊往前跑40米就会倒下。他们号称"猛士"，蚕食同类，尽管这些举动看似与"吞噬敌人灵魂"的仪式有关。

游牧民划独木舟采捞牡蛎、蛤蜊、扇贝和其他软体动物，还有乌龟、河鱼、鼠海豚、短吻鳄和浅滩水生植物。他们爱吃时令生物，尤其是初春时节的牡蛎。他们初次与欧洲人接触时非常不顺。继卡韦萨·巴卡之后来到此地的第一批白种人是西班牙贩奴商，他们领走男人，留下女人，后来女人染上了西班牙人带来的疾病。再后来西班牙人的殖民地被法国人夺走。

牡蛎馆童工

　　摄影记者很快就找到了有关海滨贫苦生活与社会剥削的主题。没有人能像教师路易斯·威克斯·海因（Lewis Wickes Hine）那样努力，他放弃纽约的课堂教学工作，去揭露牡蛎馆、罐头工厂、以及其他东海岸（从纽约到密西西比河三角洲一带）的血汗工厂乱用童工的现象。牡蛎多得就像沙滩上的沙子，经常被四岁的孩子打捞上来。

　　海因认为，相机是报告文学的工具，1907年他受雇于全国童工委员会（National Child Labor Committee），做了一名首席摄影记者。他拍摄的纪录片推动了美国童工法的修订。海因拍摄到童工每天凌晨三点开始做活，一直忙到下午五点。当地有句话是这样说的，"小孩刚学会玩小刀就要去剥牡蛎了。"海因通过贿赂和撒谎进到了工厂里，如果不能进厂，他就会在交接班时守在门外抓拍。

　　剥壳工会将牡蛎肉切块放进杯子里，每个杯子足够盛下一加仑的量。他们一天可以剥1000～2000只牡蛎，童工完成量较少。在密西西比河三角洲，工厂只雇佣白人小孩，他们常常跟父母一起干活。检查员欧内斯特·英格索尔报告称，即便工作很充实，"却是一个文雅姑娘避之不及的职业，因为身上会溅到污泥和脏水，手上会出现瘀青、划痕，很难恢复"。为了保护自己，工人们会在指尖戴上用羊毛、橡胶或皮革做成的手套，也叫指套。

　　1938年，公平劳动标准法（Fair Labor Standards Act）依据联邦法规定了童工的工作时长。海因拍摄的照片为法律的修订提供帮助，进而开创了一种新闻报道体裁，它被大萧条时期的摄影记者跟风学习，同时也为通俗小报效仿。

路易斯·海因 摄影图片
记录下20世纪早期路易斯安那州
牡蛎馆雇佣童工的现象。

南卡罗来纳牡蛎和好运芝麻炖菜

这是一份查尔斯顿的古法食谱，它使用了芝麻和牡蛎。当时，人们相信芝麻是一种可以给人带来好运的植物。

四人餐

4汤匙芝麻	300毫升鱼汤
2汤匙剁碎的培根	1茶匙新鲜百里香
2汤匙花生油	柠檬汁（1个柠檬）
1个洋葱，去皮，均匀剁碎	1茶匙芝麻油
2汤匙面粉	1汤匙新鲜欧芹末或雪维菜
24只牡蛎，擦洗干净	盐和胡椒
375毫升厚奶油	饼干或黄油吐司，配餐

在中号的厚底锅中，用中火炒芝麻5～7分钟，直到颜色发暗，飘出香气。关火，用勺子背碾压半份芝麻，放到一边，将剩下的留作备用。在同一口锅里用花生油快炒培根片5分钟。夹出培根放在一边，保持油温。把洋葱块和芝麻碎放入油中炒3分钟，其间不停搅拌。然后放面粉再煮2分钟。

把牡蛎撬开，丢进中号锅里，保留汁水。在另一口中号锅里用小火煮奶油。朝一个方向不停地搅拌，倒入鱼汤、牡蛎汁和百里香，煨5分钟。然后加牡蛎、芝麻、柠檬汁、芝麻油和欧芹。撒上佐料，拿备用的培根片点缀，和饼干或黄油吐司一起上餐。

用冰块储存的新鲜牡蛎。

冰块来了

阿巴拉契科拉湾环绕着圣乔治海峡（St. George Sound）和圣文森特海峡（St. Vincent Sound）周围的海域，那是一块540平方千米的河口，地广水浅，在低潮期平均深度为1.8～2.8米。钳工划着6～7米长的小木船，在浅水域中耙牡蛎。他们在船板上筛分牡蛎，然后把它们装进粗麻袋里一路运到岸边。岸边海鲜馆的勤杂工负责分拣牡蛎，用袋子或箱子打包出售，或者把牡蛎送去剥壳、擦洗，再按品脱或加仑卖出。

约翰·戈里（John Gorrie）博士是一名物理学家，在1851年发明了制冰机，其极大影响了当地人的生活。镇民修建了一座以他名字命名的博物馆，当初那台制冰机现在还放在馆内。但是，并不是冰激凌让这里富裕起来的。阿巴拉契科拉商人很快便发现，人工制冰这项新发明还有其他的用途，他们预见到巴氏杀菌法会出现，这种方法可以让他们横跨大洲把牡蛎销往海外。在世纪之交（19世纪末20世纪初）之前，就有50多座城市的居民开始食用储存于冰块里的牡蛎了。

约翰·G. 鲁格（John G. Ruge）1854年出生在阿巴拉契科拉，他的父亲赫尔曼·鲁格（Herman Ruge）于19世纪40年代早期从德国的汉诺威移民过来。约翰和弟弟乔治在机械厂和五金店为父亲帮工，直到1885年将公司名从"赫尔曼·鲁格和儿子们的店"（Herman Ruge and Sons）改为鲁格兄弟装罐公司（Ruge Brothers Canning Company）。他们研究欧洲人路易·巴斯德（Louis Pasteur）写的有关细菌的著作，改良巴氏杀菌法的工艺流程，用"短吻鳄"做商标出售专利。

阿巴拉契科拉北部的铁路于1907年竣工，有助于牡蛎专列（Oyster Special）将冰镇牡蛎运往亚特兰大。到1915年，共有400多名船员驾着117艘捕捞船扬帆出海，250名剥壳工供职于各类牡蛎馆，其他工种的工人则在两家罐装工厂做工。每天有多达5万罐的牡蛎运往各地。

比洛克西（Biloxi）

另一座牡蛎重镇是比洛克西，它位于密西西比河谷的早期法国殖民地。早在19世纪50年代，比洛克西就成了一座度假胜地，但却靠着牡蛎和其他贝类，尤其是海虾和海绵动物闻名。

早期，这里和来自杜布罗夫尼克（Dubrovnik，一度叫作南斯拉夫，现在是克罗地亚）的水手有过生意往来，他们似乎早在18世纪初就与这里有着特殊关系。杜布罗夫尼克成了许多东欧人的出境处，新奥尔良成为他们入境比洛克西的门户。新奥尔良这座港口城市不像美国其他城市，它吸引各类人群，他们发现自己可以靠牡蛎生意或旅游业维生，于是便打算留下来。

1869年铁路铺到了比洛克西。第一家罐装公司洛佩兹埃尔默公司（Lopez, Elmer & Company）于1881年开业。公司所有者是三名当地人：在古巴发了财的西班牙移民、来自赫尔的英国人，以及来自印第安纳州、弗雷德里克斯堡（Fredericksburg）的美国北方人。建造新工厂急需更多的

明信片上画的是，男工们在约翰·H. 克拉克牡蛎馆（John H.Clark Oyster House）门口剥牡蛎。密西西比州，比洛克西，约1906年。

劳工。工厂附近搭建了存放储备品和枪支的营地——自治、自给自足的社区。到1890年，城市人口已达3234人。到世纪之交（19世纪末20世纪初），比洛克西已拥有5座罐装工厂，9家牡蛎经销社，5座供东欧人使用的波希米亚营。附近的巴拉塔里亚（Barataria）雇用了500名工人，一半留在工厂做工，另一半待在船上捕鱼。洛佩兹埃尔默公司拥有一支由60艘渔船组成的捕捞队。

规模最大的一波移民潮出现在20世纪早期。当时男人需要到船上干活，女人要去罐头厂上班。20世纪20年代，甘蔗田歉收令当地许多卡津人失去了工作，他们渐渐向南方的法国人和西班牙人的殖民点迁移。

岸上的生活并不比海上的轻松。每座工厂装有一只声响独特的汽笛，它们一响就说明捕捞船靠岸，召集工人开工。在牡蛎捕捞季，工厂里的温度很低，尤其在冬天。女工们套着厚长筒袜，用报纸裹住腿保暖。双手一直不停地摆弄冰虾，变得越来越凉。有名女工回忆起母亲当年从家里端来几碗热水，给孩子们焐手。

剥牡蛎是计件工种。女工带着牡蛎切割刀、手套和指套——一小块布用来挡护操作小刀的那只手的拇指和食指。每辆运货马车上站八个人，一边四个，负责剥牡蛎并将它们扔进杯子里。牡蛎杯挂在车子一侧，能承受约一加仑的牡蛎。几条铁轨从装货码头那儿伸到工厂及周边。工人将牡蛎卸货搬上手推车。每次有四五架手推车驶进蒸汽间，蒸气将牡蛎打开，一连有约九架手推车会从蒸汽室开上轨道，前往剥壳间。每辆马车上的八名女工通常会一起干活。某种意义上，她们是一支工作小组，会相互交朋友或者将彼此视为亲友，有时这些女工全是东欧人或卡津人。

为了满足市场对牡蛎的巨大需求，造船业发展成了举足轻重的副业。当地人根据个人需求和海湾水域的情况设计船只。取名为"猫"的双帆平底船是早期较为常见的船型，随着对牡蛎需求的增加，它们对托运工厂所定的货运量感到力不从心。考虑到船体的大小和帆力，纵帆船随后替代了"猫船"成为首选船型。

1893年的飓风损毁了一大部分船队。造船商选用一种新式的比洛克西纵帆船，以挽回损失。比洛克西船与切萨皮克和巴尔的摩的纵帆船相似，装有宽大的横梁用来承载大批海员，拥有适应内陆水体的浅吃水，以及足以拖拽牡蛎拖捞网和捕虾网的帆力。船体长达15～18米不等。至今，最大的一艘"玛格丽特"（Mary Margaret）号可以承载500桶牡蛎。

之后，造船商又设计出一款机动船，誉为"比洛克西小帆船"。这类船的船舱建在船尾处，前甲板留出空间用来卸货和宰杀捕捞上来的牡蛎。1933年，密西西比海鲜保护法（Mississippi Seafood Conservation Laws）准许机动船拖捞牡蛎，比洛克西纵帆船因而遭到淘汰。

牡蛎在长岛海纯工厂（Seapure Works）经装罐以备出口，1932年。

　　船员守在船上防止牡蛎床被非法捕捞。无论颁布了何种州法令，海上目无法纪的现象仍然没有减少。就在1870年，夏季采捞牡蛎被认定为违法。从那时起一系列法律法规便试图整肃海上的捕捞行为，其中很多被人们忽视。甚至现在，牡蛎盗捕者也会面临750美元罚金和120天监禁的处罚。

　　越南人于20世纪80年代来到比洛克西，几乎是东欧人在一个多世纪以前到此情景的翻版——适应海上作业的技能和想生活在一起的渴望，促使他们开始接触牡蛎生意。在卡特里娜飓风来袭之前，有2000多名越南人住在比洛克西，占密西西比州越南人口的51%。越南人在比洛克西定居，开商店和咖啡馆。致富的途径不再是牡蛎买卖，而是赌博，它在1992年合法化，赌博一晚就能吸引6万人聚在旧码头。

品牌推广的艺术

巴尔的摩注重品牌推广，这种手段能告诉人们，海鲜会丰收并从遥远的地方运过来，之后工人将对海鲜进行包装、消毒，设计漂亮的包装袋图案，挑选主色调和图标。冬季，人们为牡蛎做宣传；夏季，人们为佛罗里达水果做推广。

早期储存食物的器皿包括玻璃瓶，但是玻璃在往西运输的货运马车上被颠碎了，说明其材质易碎。1819年，托马斯·肯西特（Thomas Kensett）和伊斯拉·达格特（Ezra Daggett）在纽约将第一批牡蛎装罐，20年间巴尔的摩渐渐发展为罐装中心。金属罐经手工切割，绕着圆柱状的模具卷起来，然后焊接。顶部和底部也是经手工切割和焊接而成的。在顶部会留出一个孔方便灌入牡蛎，最后把盖子焊起来。手巧的工匠每天能做60罐罐头。

肯西特的儿子是这个新行业的开拓者之一，巴尔的摩之所以会成为罐装中心不仅是因为这里的罐头，还因为商标和运输网络。牡蛎是主营业务。为突显巴尔的摩有多么领先，我们要了解佛罗里达直到1884年才开始做罐头，比洛克西是在1916年，而普吉特海峡（Puget Sound）、华盛顿是在1931年才起步的。蟹肉直到20世纪30年代才被制成罐头。

第一批出现的品牌名称是简单和直白的。公司会选用显眼的名称，例如大厨（Chef）、美食家（Epicure）、太阳（Sun）、满月（Full Moon）；公司也会受地理位置的启发，例如"切萨皮克的骄傲"，或受到某一想法的启发，例如"可靠的牡蛎"——"可靠，是声誉之所在和我们的座右铭"。人们很容易想到用罐子装牡蛎，罐子是直接、有效的推广方式，有时罐子上会有图案，或者至少有美观的设计。留存下来的空罐子仍然会被收藏家欣赏，其中最精致的罐子能炒到2000美元一只，尽管大多数时候价格只有20美元左右。现在仍然可以找到装有牡蛎的罐子。

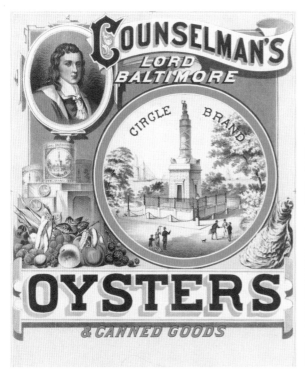

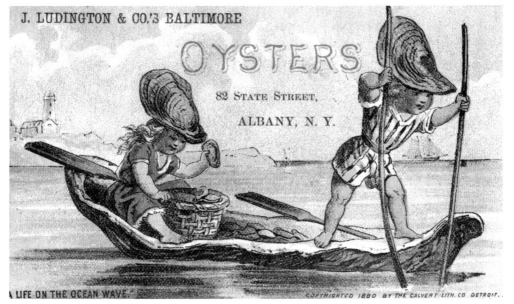

从左上角顺时针：第一张海报宣传的是康斯尔曼"巴尔的摩名流圈牌"牡蛎和罐头食品（Counselman's Lord Baltimore Circle Brand）；第二张是为包装公司麦克威廉斯公司（H. McWilliams & Co.）设计的交易卡，上面写着"快车牌牡蛎让你变得更强壮"，约19世纪末期；第三张是为勒丁顿公司（J. Ludington & Co.）的巴尔的摩牡蛎设计的交易卡，上面展现了栩栩如生的沿海风景，时间约在1880年，划船者乘坐的船和戴的帽子都是用牡蛎壳做的。

美国南方什锦饭（Jambalaya）

这种什锦饭会让人想起早期食谱——用食品柜里的剩菜做出丰盛的晚餐。就拿意大利肉汁烩饭来说，这是一道简易什锦饭，融合了来自西班牙、法国和意大利的食材，甚至可能从印第安人喝的燕麦粥里吸收了美食元素。

四人餐

2个洋葱，去皮，剁碎	24只牡蛎，擦洗干净
1头大蒜，去皮，剁碎	80克米饭
植物油，用于煎炸	1块鸡肝，剁碎
1束芹菜，剁碎	1茶匙黄油
2个小青椒，剁碎	10根青葱（绿洋葱），将白色和绿色的部
鸡杂——鸡脖、鸡肫、鸡心	分均匀剁碎

在中火加热的炖锅里用植物油焖洋葱和大蒜2～3分钟。放芹菜和青椒搅拌，煮10分钟。加入少许的水，保持湿润。放入鸡杂，盖上盖子。

把半份牡蛎去壳，倒进炖锅里，加500毫升水。然后放米饭。约煮10分钟。把鸡肝放在饭上。倒入黄油和另一半牡蛎，盖上盖子。离火，等5分钟。最后用青葱点缀。

提示：在家的时候使用两口深平底锅可能更好些（也有可能不现实），其中一口用来熬鸡杂汤，可以熬久一些，大概1小时。

新奥尔良的牡蛎小帆船。

新奥尔良风味

新奥尔良市民来自四面八方，文化丰富多彩，这里孕育出了富有创意的烹饪风格。船上生活艰苦、无情。渔民们在船上活动、睡觉，只在吃饭时暂时休息一下。比洛克西纵帆船舱里有炭炉，上面能烤瓦罐。厨师用罐子煮各种食物，味道差强人意——食料相互串味儿。制作传统什锦饭时，会在瓦罐里放洋葱，炖至少1小时。然后放佐料——芹菜、大蒜、伍斯特辣酱、番茄酱、红辣椒粉、塔巴斯科辣酱和一些水，再煮30多分钟。到这里基本上就熬好了（改良）法式洋葱汤，往这份汤底中加入米饭、欧芹、洋葱尖、蘑菇、牡蛎、牡蛎汁和盐，让它们和洋葱汤一起煮1小时。

比洛克西面包店为渔民烘焙出一款特制面包，名叫"船包"，每根卖五美分（镍币）。每顿饭都会配船包。渔船以精通多种烹饪法自豪，饮料无外乎咖啡，比洛克西酿造的伯克沙士啤酒（Barq's Root beer），或者兑了水的甜葡萄酒。

牡蛎三明治（又叫"可怜的小子"）不是西班牙裔法国人或克里奥尔法国人的独创，而是从北欧文化那儿传过来的。牡蛎三明治被新奥尔良人接纳，成了中产阶级的美味。面包爱好者称这款面包——中间开口的法式长棍面包——对牡蛎三明治来说很重要，大概只有几家新奥尔良面包店有售。三明治馅料任选——可以选择加生菜、蛋黄酱、番茄、辣酱和培根。煎烤的牡蛎馅搭配虾肉和浇汁牛肉，是这一地区的招牌菜。三明治里的塔巴斯科辣酱来自毗邻的新伊比利亚（New Iberia），自内战结束起，辣酱就交由麦克尔亨利（MacIlhenny）家族熬制了。"塔巴斯科"的意思是"珊瑚或牡蛎壳的住地"。

当地还酿造了另一款风味的酒"圣三一"（Herbsaint），是一种法式苦艾酒，与一种牡蛎变体的苏格兰蛋搭配，在油炸之前将牡蛎包在辣熏肠和面包屑中。

餐饮文化

南方有自己的待客之道，餐厅会推出享誉盛名的特色菜，其中有道叫作"洛克菲勒牡蛎"，是朱尔斯·阿尔恰托（Jules Alciatore）的"安东尼在新奥尔良的餐厅"在1899年首创的。这道菜对"安东尼蜗牛餐"进行了改良，以约翰·D. 洛克菲勒（John D. Rockefeller）的名字命名。洛克菲勒似乎与这里无甚关系，不过他是当时美国的大富豪，所以有可能是朱尔斯想要吸引他光临这家饭店。现在，菜单上仍然将这道菜标注为"鄙馆的自创菜肴"。

阿尔恰托承认他设计这道菜是为了取代蜗牛餐，这表明除了欧芹和大蒜，其他食材是后来添加的。据说，他曾向饭店员工发誓要为食材的确切用量保密。毕竟不是他独自享用的牡蛎餐。他说自己还做过"热月牡蛎"（含番茄和培根）、"埃利斯牡蛎"（含蘑菇和雪莉酒）、"福煦牡蛎"（煎牡蛎末蘸鹅肝酱，一起烤），以及"香槟吐司"（裹上面包屑和黄油）。

安东尼在新奥尔良的餐厅，主打"洛克菲勒牡蛎"。

洛克菲勒牡蛎

这份食谱有不同的版本。有的用菠菜或芹菜，有的选用奶酪。省事的办法是用烤过的荷兰酱。许多做法会包含辣椒酱，它们产自新奥尔良或保乐酒（Pernod），其中新奥尔良有自酿的苦艾酒"圣三一"。有时，这道菜还会放凤尾鱼和伍斯特辣酱油。以下食谱必用的食材是大蒜和欧芹。

双人餐

6只牡蛎，擦洗干净	25克绿叶菜什锦——欧芹、芝麻菜、豆瓣菜——均匀剁碎
3瓣蒜瓣，去皮，均匀剁碎	45克面包屑
黄油，用于焖菜	2片柠檬角，当配菜

预先将烤炉加热至最高温度。剥开牡蛎丢进中号锅内，保留汁水。洗净外壳后逐个将牡蛎塞回干净的壳里，放在托盘上。在中火加热的小号深底锅里用黄油焖煮大蒜。放绿叶菜什锦。将面包屑和牡蛎汁混合到一起，加黄油。往每只牡蛎上浇混合料。烤30秒钟，或者一直烤到顶端的食料开始变成棕色。最后摆上柠檬角上菜。

凯蒂·韦斯特（Kitty West）和滑稽戏

新奥尔良还诞生了现代滑稽歌舞杂剧，最早的脱衣舞（又叫大腿舞）名叫"牡蛎姑娘伊婉杰琳"，表演者是凯蒂·韦斯特。滑稽歌舞杂剧是一种舞台秀，包括简单的剧情，性感的舞姿和多人伴舞，最早出现在20世纪40年代的波旁街。临近午夜，舞厅正门会关闭，舞台上烟雾缭绕，幕后传出报幕声："在路易斯安那州人潮涌动的午夜，一只巨大的牡蛎壳慢慢打开了……"随后登台的是舞星凯蒂·韦斯特。

凯蒂·韦斯特的故事映照出许多农家女的生活。她原来叫艾比·朱厄尔·斯劳森（Abbie Jewel Slawson），来自密西西比州的一户贫苦家庭，在棉花地里学会了跳舞。14岁时她的父亲离家出走，留下孤儿寡母忍饥挨饿。凯蒂和一个朋友之后来到了新奥尔良。当时歌舞女郎和大幅广告牌立刻吸引了她的注意。"它们好像让我产生了归属感"，她之后写道。

凯蒂在加斯珀·古洛塔（Gasper Gulotta）的俱乐部有了人生转机，当时台柱"飓风小姐"患上了癫痫症。古洛塔见过艾比跳舞，于是劝说她加入俱乐部。不久，她被要求戴假睫毛，穿高跟鞋。典礼主持人上台向观众介绍，称她为凯蒂·达蕾（Kitty Dare）。

波旁街的人对凯蒂的舞蹈议论纷纷，她带着自己的成名作"牡蛎姑娘伊婉杰琳"转去皇家夜总会（Casino Royale），至今这支舞在轻歌舞剧中仍有多种表演形式。凯蒂在中西部继续自己的舞蹈生涯，她是现在拉斯维加斯大型表演的开拓者。当她故意用鹤嘴锄砸破水缸时并没有流露胆怯，其一举一动被拍摄下来，她由此名扬美国。所幸，凯蒂看得长远，事先提醒《生活》杂志的摄影师她有个计划。警察把她带到监狱时，她主动半裸着与逮捕她的警官在牢房前面合影。第二周，这则新闻通过美联社电报发出，瞬间上了报纸的头条。她被罚款10美元。凯蒂的声誉和职业生涯并未受到影响，她与梅尔·托梅（Mel Torme）传出绯闻，后来嫁给了赛马师杰里·韦斯特（Jerry West）。最终其他女孩替补了她的位置。

　　早在石器时代，人们就开始食用牡蛎、蛤蜊和贻贝等贝类动物。根据瓦罗内的记载，古罗马人已经发明了人工养殖贝类的技术。中世纪和文艺复兴时期，人们经常食用牡蛎。在17世纪荷兰的艺术作品中，牡蛎这种具有催情作用的食材象征着情欲。牡蛎多见于17、18世纪佛兰芒地区、英国和法国的风俗画中，也经常出现在17—20世纪的静物画中。它也是珀琉斯和忒提斯婚宴上的重要元素。

飓风季

自21世纪之交，剧烈的飓风不时撞击着墨西哥湾沿岸，牡蛎礁上盖满巨量的沉积物，有半数以上的暗礁受损。2008年9月13日飓风"艾克"（Ike）登陆加尔维斯顿（Galveston），有近3.2万公顷的牡蛎礁被泥沙吞没。巴拉克·奥巴马制订的"再生计划"中有一项任务是为复原得克萨斯州提供资助，通过铺设新运来的岩石形成屏障，从而对抗后一波汹涌来袭的海潮。联邦政府拨款700万美元用于修补由艾克造成的损失：270万美元拨给牡蛎礁修复工程；140万美元拨给抛石工作；130万美元拨给牡蛎捕捞船，用以刮净暗礁上的淤泥。

佛罗里达的圣露西港口（St. Lucie）已经50年没见到牡蛎了，3000万只牡蛎壳被运到这里，用来修复牡蛎床。在西海岸的马林县（Marin）托马利斯湾（Tomales Bay）又出现新的问题。当本地的奥林匹亚牡蛎（Olympia Oyster）因捕捞过度而濒临绝迹时，其他物种纷至沓来，妨碍牡蛎东山再起。改良生态系统并非总是意味着还要使用原来奏效的方法。

最大的灾难，但也可能是最成功的故事，就是切萨皮克湾的复原计划得到广泛推行，获得了各方面的支持——与它的劲敌形成对比。7.5亿个蚝卵——生长在马里兰大学环境科学中心的号角实验室（Horn Point）——被放回到河流和海湾。一个世纪之前，蚝卵数量还只是这个数字的一小部分。从1994年开始已有六千多万美元投入切萨皮克湾，目的是培育幼蚝和获得牡蛎壳。切萨皮克是奥马巴优先考虑的又一块地方。当半数的牡蛎长到10厘米或更大一些时，牡蛎礁就会对外开放允许捕捞。真正的奖赏是"长寿"。老牡蛎盘踞的牡蛎礁可能更肥沃，较能抵御虫病。老牡蛎是一种价值不菲的商品。

登记着"因水况欠佳而无法维持牡蛎产业"的美国海域名单逐日见长。上面记录的有纳拉干西特湾（Narragansett Bay）、培科尼克湾（Peconic Bay）、大南湾（Great South Bay）、巴奈加特湾（Barnegat

比洛克西牡蛎纵帆船驶经密西西比海峡的迪尔岛。

Bay）、钦科蒂格湾（Chincoteague Bay）、莫布杰克湾（Mobjack bay）、约克河（York River）、拉里坦湾（Raritan Bay）以及旧金山湾（San Francisco Bay）。关于哈德逊河和纽约，有人发现橙剂（Agent Orange）被倾倒在牡蛎床上，时间可追溯到越南战争时期，它说明接下来需要了解的是纽约州的环境管理工作。牡蛎一时间仿佛成了濒危物种。

渐渐地，需要到更远的北方才能找到适宜养殖牡蛎的河口，尤其是加拿大。

卡特里娜飓风肆虐之后，南部的牡蛎床仍然生产牡蛎，就像再往北一些的格雷斯港（Grays）、不列颠哥伦比亚，以及地位日益重要的阿拉斯加的河口继续养殖着牡蛎，呈现一番欣欣向荣的景象。

美国-墨西哥风格"鱼子酱"

在这份食谱中，牡蛎是用来给灯笼椒和豆子的混合料做调味用的。在墨西哥薄馅饼中加入这种类鱼子酱，再与新鲜、烘烤或烟熏过的牡蛎肉一起卷起来。牛仔会把这种混搭食物带去河口吃，在迁移的途中往塔可饼里放些牡蛎。

四人餐

1个红洋葱，去皮，剁碎	200克熟黑眼豆，冲洗干净，沥干
1个墨西哥辣椒，去籽，剁碎	2汤匙红酒醋
1根胡萝卜，去皮，剁碎	1茶匙糖
1个红灯笼椒，剁碎	1汤匙新鲜欧芹末
1个黄灯笼椒，剁碎	1汤匙新鲜百里香末
1根青葱，剁碎	24只牡蛎
优质橄榄油，用于煎炸	

在中火加热的中号深底锅里用橄榄油焖红洋葱、墨西哥辣椒、胡萝卜、青葱和红、黄灯笼椒，直到它们变软，时长约5分钟。然后，加入黑眼豆、红酒醋、糖、欧芹和百里香。将锅从火上端走，将食材倒进密闭的玻璃罐子里腌制。"鱼子酱"稍后会在冰箱里存放两星期。吃之前把剥好的牡蛎丢进"鱼子酱"里，搅拌均匀。

牡蛎酸橘汁腌鱼

在高温天里，酸橘汁腌鱼 —— 用柑橘为生肉保鲜 —— 对酒吧老板来说是一种恩赐。从美食角度上看，这里所采用的技术不同于木樨草，因为它会把各味配料浸泡在一起入味。这一传统沿着西海岸向南延伸，最远到达智利。事实上，厄瓜多尔的推车喜欢载运贝类酸橘汁腌鱼（混合了各类蔬菜和鱼肉）。浸泡10分钟即可。每样食材都是凉的。

四人餐

¼个红洋葱，均匀剁碎	盐
用5只酸橙榨汁	1汤匙鲜芫荽叶末
1个番茄	葵花油或稀释了的橄榄油
½个绿灯笼椒	
6只牡蛎，擦洗干净	

在中号碗里混合红洋葱和酸橘汁。番茄去皮、去籽、榨汁，将果肉均匀剁碎。把绿灯笼椒切成丁，放进碗里，冰镇至少10分钟。剥好牡蛎，把汁水倒进碗内。把牡蛎肉剁成丁放入混合料中。加盐。最后，撒些芫荽叶。一起倒进鸡尾酒杯中，上餐。

西部

据一位殖民者在1893年所述，加利福尼亚牡蛎产量大，经碾压、风化的外壳铺成"一座白得耀眼的沙滩，从圣马特奥（San Mateo）一路向南延伸约20千米"。有些牡蛎壳的历史可追溯到公元前4000年。贝类不仅是部落餐食的主角，还在部落的精神信仰中处于重要地位。牡蛎壳既可以用来交易，也可以用来辟邪。

在旧金山，本土牡蛎像金子那样遭到洗劫。1848年，即约翰·萨特（John Sutter）将军发现黄金的前一年，住在旧金山且登记在册的人数近600人。当外来者突然纷至沓来时，这里还只是一座植被稀少、道路泥泞的市镇。一年之内就来了4万人，之后人数持续增加。他们是经陆路过来的，有的来自东部地区，有的穿过巴拿马腹地到此，还有的来自南美洲。他们蜂拥而至，顷刻之间让这座商贸城市变得热闹非凡。

牡蛎贸易的顶峰期是在1899年，当年卖出130万千克牡蛎。到1908年，急剧增长的城市人口污染了海水，牡蛎产量减半。到1921年，牡蛎床已成一潭死水。

美国知名牡蛎食谱"煎牡蛎蛋卷"（Hangtown Fry）是用来纪念淘金热的，它常被誉为"第一份加州菜"食谱。一种故事版本是，旧金山有个被判刑的人，当他被问到最后一餐想吃什么时，他说要吃全镇最昂贵的两种食物。其他版本更加生动、详尽，或许可信度不高。这道菜经常被归为卡瑞屋饭店（Cary House Hotel）的特色菜，这家饭店是加州第一座砖石建筑。人们一般会认为这份食谱是1849年出现的，但既然饭店直到1857年才竣工，这种说法就值得怀疑了。更有可能的是，1849年正好与淘金热的年份有关，所以这一年顺理成章被写进故事里。再早一点发生的事就不是那么可信了，因为在那之前当地极少有殖民者出现。

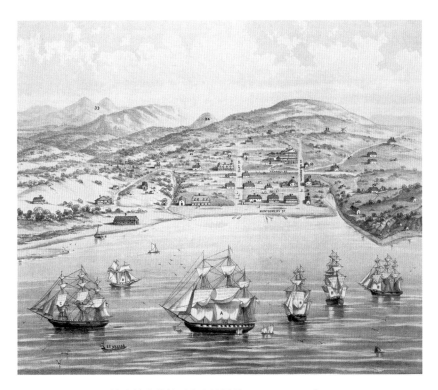

淘金热之前的旧金山湾风景，1846—1847年。

　　悬镇（Hangtown）现在叫普莱瑟镇（Placerville）。在这里挖到的金块会被拿到南福克镇（South Fork）淘洗。旧名的来历是有三名（有的故事说是五名）亡命之徒在同一棵大白橡树上吊死，从那一天开始这里便取名叫悬镇。据说，树桩现在仍然"活在"某家主街酒吧的酒窖里。

　　这个故事起源于埃尔多拉多酒店的酒吧（El Dorado Hotel，现在是卡瑞屋饭店），它推出了"淘金热"食谱。酒馆建在"上吊者之树"（Hangman's Tree）的对面，一夜暴富的淘金者会来这间酒馆庆功。"心中的黄金山"后来被烧毁，传说从灰烬中发现的金子足够用来建造新饭店——"卡瑞屋"。

有个故事说的是，有一名矿工冲进埃尔多拉多酒店，宣布他刚刚在镇子附近的小溪那儿挖到了宝，打算来酒吧庆祝一番。他解开裤腰带，把金块撒在吧台上好让大家都看到。他转过头对侍者说："我想吃这家酒馆里最精致、价格最高的菜。我发财了，想要祝贺自己获得好运！"

厨师说他有鸡蛋——精心打包，从石子路上被稳妥地运送过来；培根——从波士顿运来；以及新鲜的牡蛎——一路冰镇着从旧金山运来。"随便点"，侍者说，"您想吃的菜我都会做。"

矿工回答："那你就把鸡蛋黄和牡蛎混在一起炒，扔几片培根进去，抓紧上菜，我快饿扁了！自打来到加州就一直靠吃豆罐头充饥，现在总算能买份正经食物了。"

另一个较为朴实的版本来自乔治·莱昂纳多·赫特（George Leonard Herter）和贝尔特·E. 赫特（Berthe E. Herter），他俩在《杂工与经典食谱及其烹饪方法》（*Bull Cook and Authentic Historical Recipes and Practices*）中指出这道菜属于旧金山特色菜：

> "1853年，一个名叫帕克的人在蒙哥马利街区开了一间'帕克的银行汇兑'酒吧（Parker's bank exchange），这座著名建筑是哈勒克将军下令建造的。帕克独创且烹饪出了一道菜——煎牡蛎蛋卷。菜名传遍了整个旧金山及其周边地区。可以搭配煎牡蛎蛋卷的饮品有几类，无论过去还是现在，这道菜都被视为'绅士夜宵'。不论这道菜真正源于何处，它已成为19世纪末挖金营地的特色之一。"

这份食谱有不同的做法——有的会往牡蛎上撒面包屑后煎炸，并且把所有食材混在一起煮，也可以放辣椒、洋葱，甚至大蒜，再与培根、牡蛎和鸡蛋一起嫩煎。另一种美国早期经典食谱是不放培根的。威廉斯

煎牡蛎蛋卷

当年的食谱出自（现已关张的）风铃草咖啡屋（Blue Bell Cafe），它位于加州普莱瑟镇的主街，时间约是1850年。

将两片培根放进长柄平底煎锅里油煎，直到培根变焦脆。在锅里轻轻搅匀两份鸡蛋黄。将培根铺在上面，看起来像是从一端向外延展的铁轨，然后在培根上倒一点蛋液。把牡蛎放在培根上，将剩下的蛋液浇上去。煮熟后将蛋饼卷起来。

威廉斯堡牡蛎

四人餐

黄油，用于煎炸	1个柠檬，榨汁、切片
1个洋葱，去皮，剁碎	24只牡蛎，擦洗干净
75～100克新鲜欧芹，均匀剁碎	少量辣椒粉
¼束芹菜，剁碎	2个鸡蛋，打碎搅匀
1茶匙核桃酱或伍斯特辣酱	90克新鲜面包屑
	柠檬片，用来点缀

将微波炉预先加热到220摄氏度。在广口深平底锅里用中火融化黄油，用油炒洋葱块、欧芹和芹菜末。倒一些核桃酱（或伍斯特辣酱）和柠檬汁。剥开牡蛎放入混合料中。撒上辣椒粉。把鸡蛋黄倒进混合料中搅匀，然后把锅从火上拿开。将牡蛎舀回壳中，配上鸡蛋混合料。往上面撒一层面包屑，烘烤到能听到咕咕冒泡的声音。最后用柠檬片点缀。如果混合料发干，建议在牡蛎壳上面涂些黄油。

堡牡蛎（Williamsburg Oysters）这道菜在长岛和切萨皮克湾经常见到，在煎牡蛎蛋卷出现之前的50多年就有。

寂静之湾

西海岸的故事不同于东部和南部的故事。法兰西斯·德瑞克（Francis Drake）在1579年沿着西海岸航行一圈，继1592年西班牙人胡安·福卡（Juan de Fuca）之后，又过了两个世纪，白人驾驶的航船才再次来到这里，主要是在西北部海域。19世纪60年代之前这儿的殖民地很少，还是一座蛮荒之地。怀有敌意的美洲印第安人、严寒的冬季、荒无人迹的大海、广袤荒凉的内陆，以及与外界孤立的地理位置，都令北海岸成了最后出现殖民地的地域。

乔治·温哥华（George Vancouver）于1792年的春天航行到胡德运河（Hood Canal），他描写了峡湾的"原始静谧"，以及"大自然的寂静如何不时地受到渡鸦的嘶吼、海豹的喘息，或老鹰的尖叫的惊扰"。

胡德运河是一座形成于冰河时期的峡湾，位于普吉特海峡（Puget Sound）和奥林匹克半岛（Olympic Peninsula）之间。五条大河从东部流入运河，各自培育出一座优质牡蛎床。从西边的基赛普半岛（Kitsap Peninsula）流经此地的无数条流量较小的溪流为这些大河补给水源。斯夸辛岛的部落民划着雪松独木舟穿行于这片海域，开展贸易活动。再往北去到与这里相隔较远的地方，那里对牡蛎来说是更安全的栖息地。华盛顿州以牡蛎闻名。西海岸的本土牡蛎以州首府的名称"奥林匹亚"（Olympia）命名。人们在南部也发现了牡蛎，对其进行培植，包括曼努埃拉环礁湖（Manuela Lagoon）、恩塞纳达港、墨西哥，北部的牡蛎则由偏远的特林吉特部落（Tlingit community）养殖，部落民靠着阿拉斯加的亚历山大群岛（Alexander Archipelago）为生。俄勒冈州编纂了牡蛎名称词典，收录了亚奎娜（Yaquina）、缇拉穆克（Tillamook）、温切斯特

丹和路易斯牡蛎吧（Dan & Louis Bar），波特兰，俄勒冈州，1948年。

（Winchester），以及库丝湾（Coos Bay）。这些买卖很多仍以小作坊的形式维持，有些商人也会与早期的殖民者建立联系——称这些人"先驱"可能更合适。威斯康星的杰克·布伦纳（Jack Brenner）来这里寻找金子。他将自己的马卖给普吉特海峡土著民，换来一些托盘用来盛放采集到的牡蛎。每天，干活时长和上下班路途会用去12小时。当时是1893年。

1878年，奥林匹亚牡蛎公司（Olympia Oyster Company）建在现在闻名的托滕水湾（Totten Inlet）旁边。水湾紧邻托滕，被杰里米亚·林奇（Jeremiah Lynch）最先用来养殖牡蛎。杰里米亚于1849年离开了爱尔兰的科克郡（Cork）来到加州的金矿寻宝，但是35年之后才在华盛顿的小斯库姆海湾（Little Skookum Inlet）定居。在水湾养殖牡蛎的泰勒家族称其祖父贾斯丁在去往华盛顿之前曾和怀亚特·厄尔普（Wyatt Earp）在亚利桑那一起经营过牧场。

1907年，瓦克斯穆特家族（Wachsmuth）在波特兰开了家酒吧——丹和路易斯牡蛎吧（Dan & Louis Oyster Bar），牡蛎吧营业至今。他们还建了几座俄勒冈牡蛎农场。为了保证货源不断，他们会从饭店拿来陈年的牡蛎壳，存上一年后放回亚奎纳湾（Yaquina Bay），等蚝卵吸附到壳上。德国水手迈纳特·瓦克斯穆特（Meinert Machsmuth）驾着纵帆船在近海失事。

到1850年，威拉帕湾（Willapa Bay）会有船停泊——先后改名为霍尔沃特湾（Shoalwater Bay）和普吉特海峡，从这捕到的大量牡蛎会向南卖给北加州的淘金者和企业家，他们的牡蛎存货快耗尽了。牡蛎的市区售价是每只1美元，在华盛顿州卖到每蒲式耳50美分。牡蛎镇（Oysterville，又叫霍尔沃特）一度成为华盛顿州最富裕的集镇，因此被誉为"西部的巴尔的摩"。

早期渔船中有一艘叫作"朱丽叶"（Juliet）的纵帆船。1852年遇风暴袭击被迫停靠在俄勒冈州。船员困在威拉梅特谷（Willamette Valley）两个月。船长报告说亚奎纳河里有许多牡蛎、蛤蜊及其他鱼类。到1863年这里主要有两种"交易"——土著居间人要求牡蛎商贩以每蒲式耳15美分的税费向部落缴税。

纽约人詹姆斯·怀南特（James Winant）选择了其中一种交易。他的纵帆船船队定期往返于西海岸，在阿拉斯加北部海域捕猎鲸鱼和海象，他也会把在遇难船中发现的赃物运到旧金山集市上卖。牡蛎是返航船只的压舱物。一名前来参观的水手在1864年描述了这个早期殖民场景：

> "牡蛎镇建在峭壁上，看上去紧挨着山坡。一条羊肠小道将家家户户连起来。海岸边排着筏子和渔船，船上坐满了印第安妇女，他们忙着'宰杀'牡蛎——每桶（1蒲式耳）12.5美分。勤劳的妇女每天轻轻松松就能赚到1.25美金。"

牡蛎壳沿着牡蛎镇港口堆积起来。华盛顿州，美国。

　　两年后这里铺上了马路。早先来此的殖民者多数住在船上，船会将他们带到南方城市开展贸易。社群几乎都是由来自偏远小岛的水手组成的，他们有的来自俄罗斯，有的来自斯堪的纳维亚，还有的来自奥克尼。

这些殖民者与以往的有所不同，他们是被毛皮、木材和鱼类生意的大好前景吸引过来的，目的并非建立定居点，他们或许与船长交情甚好，船长好比他们与外部世界联系的救生索。这些殖民者来到此地的另一个诱因是，他们从此不会再遇到暴风雨的侵袭，不会再受海盗的威胁，活动范围不仅限于船上。如果没有海鲜运来，他们会以鱼、熊、麋鹿，以及西班牙人留下的小野牛肉为食。

这里的美洲土著民基本上被剥夺了权利。他们依靠河海生活的文化对新来的移民来说是陌生的。传教士最先来到这里，然后依次是商人、农户——他们对陆地的兴趣远胜于大海。

太平洋牡蛎的到来

从美国西海岸的开拓精神中发展了一种新技术。采捞并非易事，淘金者会洗劫牡蛎床。早在1895年，华盛顿州就通过了"布什和卡洛法案"（Bush and the Callow Acts），准许潮浸区归私人所有。获得所有权让西北海岸成为水产养殖的核心区。

西海岸的牡蛎养殖员研究出一套牡蛎养殖方法。普吉特海峡的潮水会从海平面以下1米涨到5米多。退潮后会留下大片裸露在外的低地沼泽。夏季离开水的牡蛎会因太阳的炙烤而死，在冬季容易被严寒的天气冻死。牡蛎养殖员利用水泥和木头砌成堤防盖住河床，在堤防上铺一层贝壳和沙砾，这样每座堤防就能在退潮时储存5～8厘米高的护堤海水。有些地方能铺到五层，当牡蛎开始繁殖时会被移走——这些活儿是用手和耙斗完成的。

这样做不会快速见效。牡蛎鬼灵精怪，一次又一次地打击着这些养殖员。他们发现牡蛎养殖业不同于农业。在农场，一块田地如果可以用来种小麦，那么在别的田里也能这么做。还可以在田里种牧草，让牛羊饱餐一顿。而牡蛎的可塑性不强。如果它能在一处湾流中茁壮生长，就不能在别的湾流里大量繁殖，这似乎不需要多做解释。一个世纪以来的检验表明，奥林匹亚牡蛎喜欢待在奥克兰湾、牡蛎湾和南普吉特海峡的大部分水域里。但是，就在距离此处仅几千米的地方，就算在科学监管下移植，同一批牡蛎也会拒绝在胡德运河安家。试着将"奥林匹亚"从莱迪史密斯（Ladysmith）、不列颠哥伦比亚和牡蛎湾移到北普吉特海峡也没能成功。

养殖员还试着将东部的牡蛎移到太平洋。他们开车运输牡蛎，横跨美国，将它们放进旧金山湾里，后来又放进威拉帕湾和普吉特海峡的海域中。当时蚝卵已经死掉。养殖员又运来发育成熟的牡蛎，让它们在冰冷的海水中增肥，但是仍然有许多牡蛎没能在途中或陌生的水域中存活。养殖员尝试进口智利牡蛎。它们最后也死了。那些不能在较冷、较干净的北部水域中存活的牡蛎在气温较高的夏季才能繁殖，所以本地牡蛎床在丰收后便没有时间复原了。

1899年，美国鱼类委员会与东京帝国大学展开对话，计划进口个头较大、生长较快的日本牡蛎。北部海岛北海道厚岸町（Akkeshi Hokkaido）的牡蛎床似乎等到了最佳移民时机。1902年，日本第一批牡蛎从广岛运送至贝灵翰姆。牡蛎在途中全军覆没。经太平洋运输牡蛎已进行了近20年。每次都没能逃过失败的命运。

随后，在1919年4月，一场灾难反转成了一场胜利。400箱来自仙台市（Sendai）附近宫城县（Miyagi）的牡蛎从横滨运到"麦金利总统"（President McKinley）号上。航程共计16天。船员每天给牡蛎浇水保持低温，当它们在萨米什湾（Samish Bay）拆封时看上去像是死掉了，于是便被丢下了船。几个月后，人们大吃一惊（也松了一口气），海里冒出一群牡蛎仔，想必当它们还是蚝卵时就吸附在死去的父母的壳上了。

这次负责托运是两名年轻的日本人埃米和乔，他俩曾在奥林匹亚牡蛎湾当过学徒。他们留意到，当地的奥林匹亚牡蛎要长四五年才能拿到市场上去卖，甚至到那时还要比亚洲牡蛎小一些。2500只牡蛎的肉只抵得上一加仑的重量。而他们知道，较大的日本牡蛎（生活在太平洋里的）只需要两三年就能成熟。经计算，120只日本牡蛎就能贡献一加仑的肉。

埃米和乔检测了奎尔瑟内湾（Quilcene Bay）和威拉帕港，最终选择在萨米什湾的废弃牡蛎床上开展自己的事业，这里靠近华盛顿州布兰查德（Blanchard），在贝灵翰姆以南25千米处。他们得到当地一名鱼贩和其他几个人的资助，从珍珠蚝公司（Pearl Oyster Company）买下245公顷海下的牡蛎床。早期实验告诉他们，较老的牡蛎容易在运输途中死亡，为了生存，牡蛎需要用一整个冬天休整，然后在春天来临时被运走。

天鹅绒镶边

第一位顾客是唐·艾乐（Don Ehle），西雅图"唐家海鲜"（Don's seafood）和"唐家牡蛎馆"（Don's Oyster House）的老板。他家菜单上把这类大个日本牡蛎推选为每日特供菜。新牡蛎品种招致某些人的抵触情绪：有的顾客不愿尝试新鲜食物，而且，这些牡蛎肉的边缘色泽较暗。斯蒂尔，这位天生的销售员，想出了一个广告口号，充分利用当时的不利处境，解决了这个问题："寻找有天鹅绒镶边的牡蛎吧。我向您保证它生长在普吉特海峡的净水中，味道鲜美。和奥林匹亚牡蛎一样，它有着华丽的天鹅绒镶边。"斯蒂尔将牡蛎油炸并放进酥脆三明治里，请客人免费试吃。第一年（1923年），岩点牡蛎公司就卖出了带壳牡蛎46975只，每只售价3.5美分，卖出去壳牡蛎303加仑，平均每加仑售价4美元。

萨米什湾，拉拉比州立公园（Larrabee State Park），华盛顿州，美国。

加拿大：博索莱伊（Beausoleil）和马拉卡什（Malagash）

加拿大可能会说自己拥有世上最动人的牡蛎词汇。这里的地名将土著语密克马克语和富有诗意的法语相结合。卡拉凯特（Caraquet）法语镇坐落在新不伦瑞克省（New Brunswick）的法勒尔湾（Chaleur Bay）附近，镇名在密克马克语中是"两河交汇处"的意思，在距今较近的时期这里主要是高卢人的地盘，也是法国难民于1755年到1763年来到加拿大时的落脚点。法语仍然是小镇的第一语言。在其他镇子，拥有法裔身世的博索莱伊（Beausoleil）和马尔皮克（Malpeque）则比较平实，那儿有"野人港"（Savage Harbour）和"海牛岬"（Sea Cow Head），两地都位于爱德华王子岛（Prince Edward Island）。其他的是印第安人集镇——充满诗情画意的塔塔马库切（Tatamagouche）和马拉卡什（Malagash）都在新斯科舍，马拉斯皮纳（Malaspina）位于不列颠哥伦比亚的另一条海岸线上。

有时，这里会混杂两种以上的文化，就像问候峡湾（Salutation Cove）的贝蒂克湾（Bedeque Bay）牡蛎那样。牡蛎编目者没让语言学销声匿迹。据说，皮克尔角牡蛎（Pickle Points）拥有：

> "乳白色的唇、透明的皮肤和暖栗色的花冠，它们是从（爱德华王子）岛的近海处结冰的地方耙出来的。在严寒的冬季，人们会先切割牡蛎周围的冰块，一直切到锯片能锯得到牡蛎为止。"

加拿大沿海省份有两种享誉全球的牡蛎，一种在马尔皮克，另一种在卡拉凯特，这份荣耀由来已久，得感激毗邻美国市场的地理位置。

牡蛎船停泊在马佩洛，新斯科舍，加拿大。

贝蒂克湾牡蛎似乎在很久之前就出名了（肯定早于1850年）。铁路把马尔皮克与附近的纽约联结起来，并确立了加拿大牡蛎在餐馆中的流通地位。

1900年，伯利兄弟（Burleigh brothers）在巴黎博览会的世界牡蛎大赛中展示了彼得湾牡蛎。经过长时间的海上运输，马尔皮克牡蛎终成赢家，一举成名。

阿加底亚人和卡拉凯特人

在加拿大国界线以北没有发现贝冢遗址，而那里曾有人居住。考古学家发现来自八个部落的陶器，有的历史可以溯源至公元前3000年。当时气候恶劣。有记录可查的是，第一批土著居民曾在这里采集牡蛎，先后卖给住在西雅图北部维多利亚湖边，以及偏远毛皮交易站的殖民者。

约翰·卡伯特（John Cabot）受亨利七世之托从布里斯托尔开启航海之旅后，他可能在新斯科舍的布尔吞角（Breton Cape）登陆，并在1497年宣称这里的土地属于英格兰和天主教会。约400年后（1864年）有人做出如下评论：

> "河里有肥大的鳟鱼、鳗鱼、鲽鱼、鲭鱼、牡蛎、龙虾和鲑鱼；沿岸有鳕鱼和鲱鱼。内陆牡蛎品质高，每年会大批出口。在岸边捕获到的大比目鱼和鲟鱼一样都是大块头。早先，海象习惯成群结队地游近岸边，会为渔民带来丰厚的利润。一大群斑海豹和格陵兰海豹则习惯趴在冰上漂向北岸。"

在人类发现新大陆的早期，加拿大鱼量丰富，渔民将它们当作猎物争抢，然而许多早期游客不愿留下来；横渡大西洋总比在加拿大过冬要好。尼古拉斯·丹尼斯（Nicolas Denys）于1672年首次对阿加底亚殖民

地做了一番描述，声称渔民在冬天只能做砍树的活儿。他还注意到，住在米罗米奇（Miramichi）的酋长是一个"狂妄、残暴的印第安人"。

阿加底亚移民中最早有50户家庭从最初的住处迁往鱼群较多、耕地比较肥沃的罗亚尔港（Port Royal），这座港位于新斯科舍的芬迪湾（Bay of Fundy）——这里也是一座牡蛎湾。当其他家庭到来时，他们的足迹已经遍布整座海湾，时间从1630年到1714年。多数家庭来自卢瓦尔河谷附近和拉罗谢尔，所以会比较熟悉牡蛎文化。他们持中立态度，夹在英国人和美洲印第安人之间，辛勤地筑造堤坝，围海造田，留出新的湿地。筑堤是为牡蛎任务服务的，就算有些著作没直接提到牡蛎，结论也很明显——像西海岸的情况那样——堤坝是为了养殖牡蛎和发展早期水产养殖业而建造的。

即便阿加底亚人不是法国国王派来的间谍，这些牡蛎床也隐藏着一段殖民战争的黑历史，以及英法之间的仇恨。英国人包围了阿加底亚居民，烧毁他们的住所。他们在1755年偷走了丰收的农作物，领养当地小孩将其驯化成新教徒，他们也强奸妇女。多数男人（约8000多人）被赶上破旧的小船驱逐到另外两座牡蛎要塞——马里兰，在那里他们被禁止登陆，最后来到了新奥尔良。

美国诗人亨利·沃兹沃思·朗费罗（Henry Wadsworth Longfellow）写了一首诗"艺凡杰娜"（Evangeline），是关于一位阿加底亚姑娘与恋人走散，前来美国找他的故事。年老的她在费城做修女，有一天她竟然发现了饥寒交迫的昔日恋人……最后他在她的臂弯中死去。这首诗生动地刻画出阿加底亚人的悲惨境地。

25年后殖民战争打响，据说路易斯安那自卫队——包括阿加底亚人——占领巴吞鲁日时还是一群斗志激昂的爱国将士。阿加底亚人成了卡津联合军的一部分。英国人将宝贵的渔业转让给美国。渐渐地，多数阿加底亚人返回第一次定居的地方，就是现在的新斯科舍和新不伦瑞克省。对落叶归根的阿加底亚人来说，牡蛎代表着他们的先祖（尤其是卡拉凯特人）。今天对他们来说有些讽刺的是，北边澄澈的海水川流不息，而南边旧殖民时期占领的海域却遭到污染，牡蛎几近消亡。

啤酒面糊炸牡蛎和刺山柑蛋黄酱

四人餐

啤酒面糊：	250毫升植物油
90克普通（通用型）面粉	60毫升橄榄油
1个鸡蛋，打碎搅匀	2个水煮蛋（煮得久一些），均匀剁碎
¼茶匙盐	1汤匙新鲜欧芹末
2汤匙橄榄油	1茶匙新鲜龙蒿叶末
250毫升拉格啤酒（淡啤）	1汤匙刺山柑末
制作刺山柑蛋黄酱：	¼茶匙红椒粉
1个蛋黄	油，用以煎炸
1茶匙芥末	24只牡蛎，擦洗干净

制作啤酒面糊：在碗里混合面粉、鸡蛋和放了啤酒的橄榄油。放进冰箱，等要用时取出。

制作刺山柑蛋黄酱：在中号深底锅中将蛋黄加热5分钟。在大碗里用木勺将蛋黄和芥末混合到一起，不停搅拌，慢慢往里滴植物油，一次滴少许。当配料刚刚呈出乳状时，倒入橄榄油提味，放到一边。将剁碎的水煮鸡和欧芹末、龙蒿叶末，以及刺山柑末放到一起，倒进蛋黄酱混合料中。撒些红椒粉，搅匀。

在深底锅中，加热足量的油好让它盖住牡蛎。油烧开时，把牡蛎一个个地投进啤酒面糊，再倒进油中。每六只牡蛎为一组炸制。准备一把勺子和几张纸巾。将牡蛎炸上几分钟或炸到它们变成棕色，然后从锅里舀出放到纸巾上。配着蛋黄酱食用。

第四部分
澳大拉西亚和亚洲

他像一只躺在海床上的大牡蛎。

把门锁起来，蜷缩着身子，静思默想。

村上春树,《奇鸟行状录》(*The Wind-up Bird Chronicle*)

日本渔民和妇女分筛珍珠蚝，

920年。

澳大利亚和新西兰

有关"人类由西向东，还是由东向西占领世界"的问题，一直都是各大陆纷争的根源所在。从某种意义上看，牡蛎提供了震惊世人的科学证据。1886年6月9日夜，罗托鲁瓦镇（Rotorua）——坐落在新西兰北岛罗托鲁瓦湖的南岸——被一波接一波的地震撼动，连续的震动引起火山喷发。哇翰咖山（Mount Wahanga）被撕裂，山顶被震平。一团黑云卷起，就像披肩一样盖住从北岛丰盛湾（Plenty Bay）到霍克湾（Hawke Bay）上空的黎明之光。紧接着火山又喷发了两次。塔拉维拉山（Mount Tarawera）及其双子峰爆炸并向空中喷出岩浆和碎石。

熔化的残骸冲至3000米高，地裂长达19千米。罗托玛哈纳湖（Rotomahana）的湖盆也被炸裂了，释放的热岩浆和泥沙覆盖了9500平方千米的土地。爆炸持续了一整夜，在奥克兰（Auckland）、内皮尔（Napier）、惠灵顿（Wellington），甚至布伦海姆（Blenheim）都能听到声响。附近的怀罗阿镇（Wairoa）罩上一层3米厚的尘土（混合了火山灰、黏土、泥浆和石子）。150多人殒命。

罗托玛哈纳的粉色和白色梯田（Pink and White Terraces）是世界第八大自然奇观——新西兰著名旅游景点之一。游客可先乘坐轮船，然后骑马和驾着马车，再划两小时独木舟，最后步行来到美丽的梯田。它是由从地壳下升起的热液型火山热量形成的。火山晶体产生了石英、沙子、燧石和玛瑙，它们又能用来制作玻璃和水泥，火山晶体像水一样从地核中流出来，温度最高可达700摄氏度。

白色梯田，又叫"文身岩"，占地3公顷，高达30米，而粉色梯田占地面积较小且高度较低。在梯田脚下有清澈的池塘，池中流着蓝色温泉。火山喷发将梯田炸得四分五裂。

白色梯田（Te Tarata），罗托玛哈纳，新西兰。

没有人知道是在这一次——新西兰最惨烈的自然灾难——还是在另一段时期（北岛"野性火山"向我们展示了其深藏地下的骇人威力的历史时期）火山脚下的牡蛎因遭遇强烈爆炸顷刻之间脱离牡蛎床，被弹射到夜空中，继而一路奔向智利的。奥克兰距离圣地亚哥10000千米。也许不是所有牡蛎都活了下来，只有很少一部分的蚝卵靠吸附于壳上存活；或者，也许仅有少部分的碎块划过高空，然后朝着大海的方向坠落到南美洲的沿海水域中。这场面堪称"宇宙大爆炸"。

　　令人惊讶的是，牡蛎最终在这次洲际迁移中存活下来，不仅存活下来，还占领了智利海域。做此推断的原因是，多年以来智利和新西兰的科学家一直在争论，智利牡蛎和新西兰牡蛎究竟是哪一种先来到智利海域的。牡蛎在新西兰叫作布拉夫牡蛎、德雷奇牡蛎（Dredge），或者福沃海峡牡蛎（Foveaux Strait Oyster）。智利牡蛎有其专有名词"Tiostrea chilensis"。

　　首先，根据假设，智利牡蛎可能是在北极的周极星和洪保德（Humboldt）海流的作用下越过公海来到智利的，而分子鉴定表示，新西兰火山的浮岩更有可能是一种载体。新西兰扁蚝随着一阵"火山牡蛎暴雨"飞到智利。科学建立在分类的基础上——这些新西兰牡蛎的喂养方法不同于其他品种，它们属于牡蛎类而非巨蛎类。

　　与牡蛎飞跃于各大洲之间并活下来同样令人称奇的是，其他牡蛎看似在溶解热和分解过程中得以存活。怀罗阿镇仍然是牡蛎养殖中心。牡蛎对光线、盐度、噪声、温度微变，以及食物供应的细微调整十分敏感，而火山喷发或大洲之间的穿梭对它而言不具有致命性。

　　库克船长驾驶着"奋力号"（Endeavour）于1769年11月登陆库克海滩，为的是观赏水星经过太阳，他通过划定精确的纬度"将新西兰放到地图上"。他在海滩上竖了一杆大不列颠王国的国旗，等于宣告新西兰是属于乔治三世国王的。库克船长在那里待了11天，为船只补给新鲜食物，进行天文观测。当地有条河里有大量的牡蛎和贝类，给库克船长留下了深刻的印象，他立刻把这条河定名为牡蛎河，不久又叫回原来的名字——普朗基（Purangi）。

> "泥沙堆里有牡蛎、贻贝和鸟蛤等，我相信它们是当地居民的主要食物，他们会划着小独木舟进入浅滩，将牡蛎从泥沙中捞出来，有时会在船上烤着吃，他们生火是为了烤牡蛎，不清楚还有其他什么原因能让他们这样做。"

20世纪30年代，新西兰牡蛎发展成了这里的经济支柱。6000多万只牡蛎从福沃海峡捕捞上来，有人估计存量达200亿只。牡蛎的白色外壳如何将阳光从水下反射回来，形成了"一大片白色的贝壳地毯"？科学家对此发表了意见。

澳大利亚牡蛎

关于澳大利亚牡蛎起源的争论和关于新西兰牡蛎起源的争论一样激烈。它最初是一种石蛎，现在名叫悉尼石蛎。沿着东部、南部和西南部的海岸线，你们会发现密密麻麻的牡蛎，有时它们待在距离海面15米深的地方，还会吸附在泥沼中的红树林里。澳大利亚牡蛎能在低潮中生存，并能长时间暴露于日光下，独具特色，在市场上较为抢手。

有人争论说，澳大利亚可能在欧洲之前就有人类生活。三处早期的遗址被发现：一处在彭里斯（Penrith），约在公元前4.7万年；一处在西澳大利亚，距今4万年；另一处在新南威尔士的蒙戈湖（Mungo Lake），距今3.5万年。在冰河世纪改变地貌之前，澳大利亚可能没有那般偏远，它位于（北半球的）南部海域，部落民划着独木舟就可以到达。土著居民负责采捞牡蛎，让牡蛎壳沉入水下来捕鱼。土著民家庭贝冢中的一些贝壳沉积物体积巨大，长达400米，高达4米。新南威尔士北部和昆士兰南部的贝冢基本上是由悉尼石蚝拼成的，尽管向南航行时你会频繁看到本地现已稀少的（新西兰）扁蚝。

自1860年开始，南澳大利亚出现大范围的扁蚝捕捞活动。约30艘帆船和80名渔民捞上来的牡蛎堆到5～20米高，这类活动持续到1885年扁蚝被捕捞殆尽为止。约在同一时期，类似的牡蛎捕捞活动也出现在维多利亚和塔斯马尼亚岛（Tasmania）。仅在塔斯马尼亚，1860年到1870年间每年就有近200万打（2400万只）牡蛎被拖捞上岸。

从澳大利亚烹饪中可以发现各地旅行者的足迹。亚洲烹饪方式给澳大利亚的厨房增添了很多特色。澳大利亚第一批殖民者可能延续了盎格鲁撒克逊人的思维方式，而悉尼的温暖天气让他们很快适应了当地环境。

在澳大利亚烧烤文化殿堂中，悉尼石蚝享有一定地位，将它们放到白色热炭上烤，淋上融化的黄油或开胃的辣根酱、番茄酱、伍斯特辣酱，或者塔巴斯科辣椒酱。异国风味的亚洲烹饪法很快"宴"压群芳——我们欣喜地尝了鲜，例如，撒在牡蛎上的芫荽、香葱、酱油、酸橙和糖的混合风味，或者米醋、姜末、柠檬，以及青葱的混合风味。

蚝油爆炒牛肉

政客牛排（carpetbagger steak）——牛肉里塞牡蛎——可能产自美国，流行于澳大利亚。其他版本的食谱会用到培根，有时还会用到伍斯特辣酱。

双人餐

2片菲力牛排	1瓣蒜瓣，去皮，均匀剁碎
2汤匙酱油	1个红番椒，去皮，均匀剁碎
2汤匙蚝油	2把（25～50克）菠菜
2汤匙蔗糖	2汤匙米酒
黑胡椒	
1汤匙花生油	

将牛肉切丝，浸泡在酱油、蚝油、糖和一小撮黑胡椒的混合液里。浸泡5分钟直到变软。在锅中放入花生油，中火加热蒜瓣和红番椒。把菠菜放进去，不时翻炒直到变软，大概要用1分钟。把菠菜盛盘。往热炒锅里加牛肉丝，快炒2分钟。将牛肉舀出来放在菠菜上。把米酒倒进炒锅里稍微热一下，然后淋在牛肉上，上菜。

牡蛎野餐

蒙塔古·斯科特（Montagu Scott）原先给报刊画过插图，这幅画描绘的是澳大利亚社交场所，创作时间较早，画技突出。当时是1870年新年，悉尼的上流人士来到达令角（Darling Point）附近的克拉克岛（Clark island）聚餐。一名工匠正在铲岩石上的悉尼石蚝，旁边有两位女士拿着空盘等着盛装牡蛎。远处是古老的土著贝冢，它堆积在岸边，被刚刚流放过来的犯人采集回去烧成石灰，当作盖房子的材料——新砂浆。

蒙塔古·斯科特，《悉尼港克拉克岛上的野餐》（细节），1870年。

215

东亚

　　牡蛎顺理成章地融入了中国美食典籍，成为春卷的馅料，和青葱、菱角、生姜、酱油和芝麻油一起绞碎，之后有人将这种牡蛎馅包进馄饨皮里煎炸，口感焦脆。

　　在整个亚洲，面糊的制作从米粉到土豆粉，有加鸡蛋的，也有不加鸡蛋的，只存在细微的变化。福建省的牡蛎糕和手掌一般大小，外皮撒上花生碎，馅料混合着牡蛎、韭葱、青葱，以及少许猪肉末。多放一些牡蛎和猪肉会让这道菜更奢华。

　　油炸牡蛎糕的地位可以比肩亚洲油炸牡蛎——在日本天妇罗中很常见，口感酥脆，外皮滚热。如果烹饪手法得当，天妇罗牡蛎的馅料基本不会是热的，它保持着柔软和湿润。面糊通常是用玉米粉和泡打粉做的，不加鸡蛋，有时会加芝麻，往热油里倒一些冰气泡水会锦上添花。天妇罗的佐料是日本山葵酱，或者混合了甜料酒和酱油的芥末酱。最高雅的做法是，先将牡蛎包进方片海苔里，配上形似罗勒的紫苏叶，然后裹上面糊，下锅煎炸。

　　泰国菜的灵活搭配和想象力可与日本相媲美，但它没有那么严苛。他们可能会将牡蛎放进香蕉花沙拉里（西方人会将香蕉花换成菊苣），用椰浆稍稍焯一下牡蛎，搭配棕榈糖和鱼露，用炸过的青葱点缀。牡蛎还可以单独盛盘，搭配亚洲芹、柠檬草、青葱、薄荷，以及芫荽，往上面浇一层牡蛎汁、酸橙、鱼露，撒上辣椒和白糖。牡蛎还能用来制作沙拉，混合腌猪肉、姜末、红葱、薄荷、芫荽和油炸花生米，上面盖了一层用芫荽根末、盐、大蒜、龙眼辣椒、糖、酸橙和鱼露混合的酱汁。

中国台湾蚵仔煎

蚵仔煎常常跻身于中国台湾招牌菜系列，是夜市风景的一部分。街头小食摊聚集在前荷兰殖民地周围，靠近台南市安平路（Amping Road）的妈祖庙，每家蚵仔煎的做法各不相同。在中国各地都能吃到蚵仔煎，它在马来西亚槟城和韩国也备受青睐。针对做此菜时先将什么放进锅里，各地的做法略有不同。趁蚵仔煎还热时，蘸些辣椒酱和酸橙酱，或者酸甜酱。

一人餐

2只牡蛎，擦洗干净	1把（25～50克）生菜，撕碎
2个鸡蛋	1把（25～50克）豆芽
1茶匙红薯粉	
猪油，用于煎炸	

剥开牡蛎。把鸡蛋打进碗里，混合红薯粉。用中火加热炒锅，放入猪油加热。当油嘶嘶响时，倒入蛋液，等鸡蛋快成形时把牡蛎倒进去，撒上生菜片。烹饪30秒。倒豆芽，然后将蛋饼对折，盛盘。

一位渔民在中国浙江省乐清湾捕捞上岸的牡蛎，2005年。

牡蛎汤配芫荽和良姜

这道泰国牡蛎汤介于汤和饭之间。它糅合了泰国市场上的主要香料，牡蛎汤味道浓郁，口感丰富。良姜是底料，它和亚洲烹饪中的生姜用法基本一致。将米饭和牡蛎放在一起熬煮是一种常见的烹饪技巧。

四人餐

380克泰国香米	250毫升椰奶
12只牡蛎，擦洗干净	1束（75～100克）新鲜芫荽叶（香菜），均匀剁碎
115克猪肉泥	
3瓣蒜瓣，去皮，均匀剁碎	10根青葱，将白色和绿色部分均匀剁碎
5厘米良姜片，去皮，均匀剁碎	2茶匙鱼露
2个鸡蛋，打碎搅拌	1汤匙新鲜酸橘汁

按照包装上的提示先煮米饭。剥开牡蛎，放在饭上煮至少5分钟。同时，在炒锅里用中火炒猪肉泥，混合大蒜和良姜，时长5分钟。当饭煮熟后，倒进混合了鸡蛋液的猪肉。煮2分钟，其间不时搅拌，倒些椰奶。撒上芫荽末和青葱末。最后淋上鱼露和酸橘汁，上菜。

韩国香辣牡蛎米粉

这是一道制作方便、营养丰富的晚餐，使用小号深底锅，把所有食材放进锅里就可以了。

四人餐

一把豆芽	2汤匙红椒片
12只牡蛎	一把米粉
酱油	1根青葱，剁碎

往锅里倒一杯250毫升的水，煮到沸腾，再把豆芽放进去。剥开牡蛎，带汁一起倒进锅中。加些酱油。然后放红椒片和米粉。盖上盖子焖2分钟。用青葱点缀，上菜。

蚝油

据坊间传言，蚝油是1888年李锦裳（Lee Kum Sheung）在广东南水镇自家咖啡馆里发明出来的。就像阿尔弗雷德大帝和他的蛋糕，据说李锦裳把牡蛎高汤熬得太久，他惊讶地发现，高汤非但没有坏，还熬成了焦糖状，整体闻上去香喷喷的。他应该是最先将蚝油装瓶出售的人——"李锦记"牌在今天依旧吃香——而这样一来容易让人以为在他之前没有别的厨师发现这种做法，不然，蚝油怎会如此迅速地跻身粤菜的调料呢？

熬制蚝油是专业厨师的绝活，意在调和多种传统牡蛎配方，做成中餐厅的经典调味料，可以搭配炒牛肉、炒面和绿叶菜。你可以将蚝油理解成是百搭型瓶装酱料，每位厨师都离不开它。许多酱料品牌会使用添加剂，其实并无必要（除非想延长保质期），因为原料就是用底汤或清水炖的牡蛎，它们被炖得发黏，在焦糖化过程中呈现深棕色。

韩国

牡蛎只在最近几十年才在韩国流行起来的，它从繁杂的韩国料理中脱颖而出，吸引着人们的注意。牡蛎养殖业和海带养殖业——引自日本——自20世纪60年代中期起主要在韩国发展起来。传统海带汤会使用这两种食材，其中海带（传统的裙带菜）的量是牡蛎量的一倍，为了给牡蛎提鲜。

牡蛎在韩国流行得益于网箱和延绳钓的引进，它们便于牡蛎向海生长，悬浮在富含浮游生物的浪涛中。这一进步也让小型养殖场因牡蛎的丰收有利可图。一夜之间，牡蛎卷饼在韩国大受欢迎。韩国鱼露（jeot）——有时用来腌泡菜——不久便开始用牡蛎（代替虾）来做酱底了。

牡蛎泡菜需要在夏季趁鲜品尝。冬季，人们会用牡蛎熬粥（juk），搭配米饭、海藻、紫菜、蘑菇和芝麻。生的牡蛎还经常搭配辣椒酱、洋葱、胡萝卜、大蒜和韩式辣酱（gochujang）——它和美国西海岸的洋葱番茄辣酱有些许重合。米饭配牡蛎是一道家常菜，1杯米饭配6只牡蛎，米饭是在煮牡蛎时放进去的。通常，这道菜的佐料是由酱油、红椒片、糖、芝麻油和青葱末组成的混合料。

日本

日本直到公元前3世纪才出现了较多居民，有证据表明约在公元前3万年那里就出现了人类的踪迹。那时日本可能还没有成为岛，与朝鲜半岛相连。人们发现的燧石工具大概就出现在那时。到了公元前1万年，"绳纹"文化出现在日本。绳纹文化主要影响着广岛沿岸地区，那里的村庄被巨大的马蹄形贝冢（被丢弃的牡蛎壳）包围。有可能它们不只是垃圾堆，还是交易点，牡蛎经过腌制销往内陆，为的是交换石器。

载入史册的古老的、最珍贵的珍珠产自日本，出现于公元前5500年。从时代背景来看，日本直到公元前100年才开始收割或种植稻米。海鲜和海带具有宗教意义，是神社的供食之一。

公元764年，诗人大伴家持将本州岛太平洋沿岸的一种双壳贝移植到日本海。这是有关水产养殖业发展的早期记载。另一段记载的时间是1081年，当时有种海带从伊豆列岛上的神津岛（Kouzushima）移植到了伊豆半岛。海苔牡蛎文化始于17世纪70年代，寿司从那时起崭露头角。两种文化的发展看似并驾齐驱。刚开始时，牡蛎产卵的湖和填肥基地是分开的，人们用竹片采集幼蚝。直到20世纪20年代中期人们才开始使用筏子和吊篮采捞牡蛎，10年后养殖昆布时采用了类似方法。

牡蛎土锅

日本每个县都有自己的火锅或炖锅。广岛的火锅是"土锅"，包含牡蛎和味噌汤，以及用发酵大豆制成的酱。技巧是往锅里倒水之前先涂味噌。传统做法是拿一只土锅和便携式火炉，让食客自助烫菜。一般来说，炖锅包括各类菌菇、卷心菜和茼蒿。最后放熟米饭吸干汤汁。韩式土锅会放猪肉和泡菜。

四人餐

制作汤底：	1瓣蒜瓣，去皮，均匀剁碎
1汤匙白/赤味噌，或两者的混合物	1/2颗卷心菜，手撕
1.6升鲣鱼汤	450克老豆腐，沥干
100毫升酱油	12只牡蛎，擦洗干净
100毫升米酒	

先做汤底。将味噌酱涂在大号汤锅里。用中火加热鲣鱼汤，不用煮熟，放酱油、米酒和大蒜。加入卷心菜。最后一分钟将豆腐块放进锅里。剥开牡蛎，放进汤底里。煮1分钟后上菜。

歌川广重（Utagawa Hiroshige），安艺国的牡蛎养殖，日本，1877年。

第五部分
生态

我吃着有海腥味的牡蛎，

它们身上淡淡的金属味被低温白葡萄酒冲淡，

只留下大海的气味和溜滑的肉质……

空虚感顿时一扫而空，我感到开心，并畅想未来。

欧内斯特·海明威，《流动的盛宴》（*A Moveable Feast*），1964年。

在牡蛎养殖场收割牡蛎。乔治斯河（Georges River），

新南威尔士，澳大利亚，约1950年。

不久的将来

　　凡是牡蛎密集的地带，就会出现许多其他河口生物，它们依靠"牡蛎过滤海水，分筛浮游生物，将氮气转为氧气"的习惯获取食物。牡蛎即生命。在同类相食的地方，牡蛎一定程度上可以避开海洋生物链中的殊死搏斗，原因是它们被坚如岩石的贝壳保护着。牡蛎是河口生态的一部分——是低调的海下救生员，为河口水域泵氧；牡蛎是原始的强者，是迅速繁殖的浮游生物，它们身边有家人陪伴，积极过滤周围的海水，大量繁殖。甚至那些不会繁育成牡蛎的卵子和精子也会加入食物链中其他浮游生物的行列，进而变成其他生物的营养源，这些生物不论大小都会吸引其他捕食者。这种蚝卵形成了食物金字塔中关键的一层。那些成百上千（未达到上百万）繁殖并簇拥到一起的蚝卵形成了为其他生物提供庇护的牡蛎礁。坚硬的外壳形成一座稳固的岩面，利于植物扎根、生长；它们体积巨大，能保护沼泽禾草，不让它们被无常的洋流侵蚀。

　　牡蛎不仅是一种海洋生物，还是生命的起源，对其他物种而言是一种性情温良的移居者。定居点一旦建立就长盛不衰。有些牡蛎可能已经生活了100年，就算它们最终死去，牡蛎壳也会成为自然景观的一部分，成为后代的繁育地，以及让定居点维持下去的岩石。就算坚硬的外壳碎裂，牡蛎也会在冲刷作用下变成齿状残片漂到海床，各部分会渐渐碎成一小片，变成沙砾、石灰岩，以及一些大概可以称作岩石的物体。

　　100年前，牡蛎是世界海洋生态唯一宝贵的生物。曾经维持沿海经济的庞大产业现在光彩锐减——仅占沿海经济的1%。这一衰退令人堪忧。在马里兰，从1973开始每年就有900万千克牡蛎从河中被打捞上来，到2000年该数字只剩28500千克。当基因池骤减到那种水平时，牡蛎濒临绝种就成了事实。缺乏生物多样性，牡蛎存活量将无法维持。

在英国，两次世界大战消除了多数人有关"维持牡蛎文化数千年"的想法。委员会朝河里丢垃圾和工业化学废品，农民放任有毒的地表径流流入牡蛎床聚集的水域。管理系泊工具和海岸的工作交由游艇富豪联谊会负责。

这里出现了一个政治问题。我们知道，数十年的商业捕鱼正在削减海洋野生鱼类的数量。在深海区发生的事可能不会好于近海区的。从世界各地运来食物和其他货物的船只可能会在不经意间破坏海洋环境。素食主义者可能会说，直接吃种植出来的作物和谷物，会比拿它们去喂那些将来会被人吃掉的动物更合适。环保主义者会说，吃自己种出来的粮食，比花钱从世界其他地方进口食物更明智。

牡蛎从另一个维度展现出另一番前景。建一座牡蛎"农场"不像打桩划定一块围栏来密集饲养鲑鱼或鳟鱼，而是要试着营造一种清洁的有机海洋环境，这样做的益处超过牡蛎本身所带来的好处。英国沿海地区有可能复原牡蛎床及其文化。

首先产生的收益是生态方面的——那些被丢入水中的污物由此得到了清理。有关切萨皮克河的例子表明，一旦牡蛎礁自行形成，并且牡蛎能够活得较久——20年以上——那么对海洋环境的改善就会显现，其表现为其他生物群被吸引回河口。这样可能会开启一种新型水产养殖业。它鼓励本地捕捞和旅游业的发展，其中，本地旅游业在肯特郡的惠茨特布尔，或者康沃尔郡的帕德斯托（Padstow）和约克郡的惠特比（Whitby）再度兴旺。这种新兴产业是可持续性的，并且成本不高。它绿色环保，能提供事业、工作、贸易和商业的机会，将孤立的沿海社区与都市文化中的餐饮业和旅游业联结起来。它全球适用，属于可输出型产业，也是各国必需的发展之道。

作为客户，支持这项产业并不困难。我们需要购买牡蛎来刺激市场需求并予以支持。毕竟，牡蛎是一种健康食物。我们需要适当地给河口拨一笔款，从环保和经济方面"清理"沿海地区。每次，当有人说他们想飞到月球或火星上时，我们应当问一问，这笔投资是不是与我们为地球、岩石，以及水下几英尺的"农业"投资差不多——这种水下农业是一种具有可持续性、回报优厚，并且有建设性的实践，人类自文明开始起就不停地锻炼这项技能。

英国政府间接地给这些讨论开了空头支票。1992年，里约热内卢召开了地球高峰会议，178个国家包括英国在内签署了《保护生态多样性公约》。两年后，生物多样性督导组便着手确定哪些物种和栖息地正在锐减。到1999年，英国本土牡蛎被定为"优先保护物种"，本土牡蛎物种救助计划（Native Oyster Species Action Plan）也得以制定。

有人可能会说这项行动计划不够振奋人心。它表示政府会维持、扩展本土牡蛎现有的地理分布和"丰富性"。至今，这项计划更像是一件无所作为的摆设。2009年海洋保护法案宣称它将"支持良性运转和复原性强的海洋生态系统"。有人质疑我们说辞空洞，言之无物。

与此相反，苏格兰自然遗产署出版了一份实用、富有远见的报告，内容有关如何鼓励本地牡蛎回到北部边界，包括特定地区的会计计算和策略。该署就牡蛎清理莱恩湖计划获得了欧盟拨款，继而引发供水公司的公愤。

苏格兰分权之争带来的结果是，公国最终放弃了对苏格兰海域的控制，让它归公共所有，现在可以看到这一举措对水产养殖业的巨大推动力。就在宣称牡蛎灭绝的50年后有人在福斯湾又发现了它们。

变沙为石

川流不息的海岸线上的牡蛎礁可以作为防波堤，比传统的混凝土海塘更经济、更有益生态，也更美观。每100万只幼虫售价200美元。像以往一样，人们是受到自然之灾的极大干扰之后才开始警醒的。

美国牡蛎险些被列为濒危物种。1995年，一项耗资不到2.6万美元的小范围实验在切萨皮克湾进行，试图再利用被污染的海水。从那时起，这项计划逐渐成为年耗资500万美元的多部门合作再生项目，每年改造的土地达80公顷。拉帕汉诺克河于2001年重新撒种，现在能为纽约多家顶级饭店供应牡蛎。

飓风"桑迪"过后，一名年轻的建筑师凯特·奥尔夫（Kate Orff）想为布鲁克林那散发着臭气的葛瓦纳斯运河（Gowanus Canal）修建一座围在牡蛎床边的花园村。为了这座"生活防波堤"，凯特筹集到6000万美元的联邦资助金。她的目标是引来2500万到5000万只牡蛎去清理斯塔顿岛的海岸线。

"十亿牡蛎计划"（BOP）甚至在更大程度上证明了美国的主动进取与远见卓识。这项计划来自总督岛上的纽约港口学校（New York Harbor School），今天这里正培育下一代蚝卵，学校训练学生潜水，以便在纽约港那片喧嚣、泥泞的海域建起新的牡蛎礁。他们争取获得当地学校的帮助来一起培植牡蛎，鼓励当地饭店把牡蛎壳送还，这些举动提升了牡蛎在纽约市的知名度。

环境保护厅坚决要求公路局归还5公顷牡蛎礁栖息地，用来替代大桥的建造工程，这个要求属于环保厅准许在纽约柏油村建立新塔潘泽大桥（Tappan Zee）的一部分。BOP和专业环保公司"阿利金罗森与弗莱明"（Allee King Rosen & Fleming，AKRF），以及哈德逊河基金会（Hudson River Foundation）共同致力于建立最佳"还地"方案。

正如计划的名称所示，它的目标是要吸引10亿只牡蛎。最后共吸引了1150万只。考虑到纽约港口学校在2003年才开始招生的情况——它原本是联结布鲁克林区的孩子与港口生态的创新之举，在过去几年中这项计划的执行情况足以令人惊喜。

这项计划及其他项目产生的真正原因是，养殖牡蛎的家庭与学术、生态研究的非凡结合。皮特·马利诺夫斯基（Pete Malinowski）的父母，

"10亿牡蛎计划"正在将10亿只活牡蛎放归纽约港。

史蒂芬（Steve）和莎拉（Sarah）在费希尔岛（Fishers Island）上养殖牡蛎已有30多年。这里是东海岸第一批密集型牡蛎养殖场。他们先后养过蛤蜊和扇贝，偶尔会混杂一些蚝卵，他们发现牡蛎喜爱待在东部长岛海峡的水域中。1987年，第一批收割的牡蛎卖给了当地的酒馆，次年开始直接向纽约的厨师出售，他们为能够拥有有益于生态的本地特色牡蛎而高兴（原来的名称"蓝点牡蛎"用来指代东海岸的老龄双壳贝类）。第一位客户是纽约市拉法叶（Lafayette）的让-乔治·冯格里奇顿（Jean-Georges Vongerichten）。今天，这家养殖场为巴尔萨泽酒店（Balthazar）和全食超市（Whole Foods）的采购者供应牡蛎，有的牡蛎还会被运到旧金山和佛罗里达。

饭店的回归

突然间，牡蛎吧又在美国兴起，这也许是"从养殖场到餐盘"运动的产物。布莱特·安德森（Brett Anderson）在《纽约时报》中提到，这股"牡蛎馆再现"风潮起始于1977年，当时瑞贝卡·查尔斯（Rebecca Charles）在西村（West Village）开了间珍珠贝酒吧，后来这股风潮又转向了旧金山的天鹅牡蛎屋（Swan Oyster Depot），首次开业于1912年。查尔斯的成功激发了其他厨师学习新一代大都市牡蛎餐馆的做法。玛丽·雷丁（Mary Redding），查尔斯的合伙人，在附近开了间"玛丽鱼庄"（Mary's Fish Camp），其是海滨咖啡馆的风格，可供顾客在度假时消遣。

在纽约，年轻的英国厨师阿普丽尔·布鲁姆菲尔德继西村"斑点猪"获评为米其林星级餐厅之后，又在市中心曼哈顿开了间"月亮鱼牡蛎"酒吧。此外，"约翰尼的半块贝壳"（Johnny's half shell）、"海王星牡蛎"（Neptune Oyster）、"馋猫"（the Hungry Cat），以及"船锚与希望"（Anchor & Hope）分别在华盛顿特区、波士顿、好莱坞和旧金山开业。随着牡蛎吧在市区日渐红火，荣登米其林榜单的牡蛎餐厅也越来越多。在南卡罗来纳州的查尔斯顿，被评为米其林星级餐厅的是"普罗大众"（The Ordinary），在西雅图是"海象和木匠"（the Walrus and the Carpenter），在芝加哥是"大鱼＆牡蛎"（GT Fish & Oyster），在新奥尔良是"佩什海鲜烧烤"（Peche Seafood Grill）。除了菜单上的，餐厅还提供各类随意搭配的鸡尾酒和牡蛎，最早出现在纽约的"莱德贝利"（Leadbelly）、"双Z蛤蜊吧"（ZZ's Clam Bar）和"首家饭庄"（Maison Premiere），而芝加哥则亲眼见证了珍珠酒馆（Pearl Tavern）的开张。饭店数量的激增让市场对牡蛎养殖户提出了更高的要求。

在南方，飓风和英国石油公司漏油污染牡蛎床事故催生出了莫比尔湾牡蛎养殖项目，以及将牡蛎移植到密西西比海峡和莫比尔湾的其他倡议。如今，比洛克西受到长达14325米的牡蛎防波堤的保护。

在佛罗里达，500多户房主签署协议想要恢复沿海土地的肥力并拯救平地。这项承诺举足轻重。布里瓦德生态重建覆盖长达251千米的海岸线和五个县；在4万名志愿者的帮助下，4.2万块垫席已铺设完毕，68座新牡蛎礁已建成。

在西海岸的普吉特海峡，人们希望将4万只蚝卵放回大海后能够扭转锯木厂数十年来所导致的污染状况。

这些工作大部分与当地志愿者的努力相互协调。那些偏远的内陆地区为慈善事业举办即兴牡蛎烧烤会，然后将牡蛎壳送回大海。有的委员会还在其他垃圾处理方法之外做出了牡蛎壳回收桶，便于将牡蛎壳送回海里，生出新的牡蛎礁。

在英国，有人为清理德文郡沿岸的庞洛克（Porlock）海域付出努力。这次仍然是志愿者肩挑大梁，希望重振牡蛎经济。庞洛克是英国仅有的两处水质获A级的地点之一，优势得天独厚。在赛汶河河口（Severn）另一侧，斯温西附近的曼布尔斯湾（Mumbles Bay）也抱有同样的希望。

澳大利亚开始接受新科技，据统计，100多年前南部海岸线有2400千米的牡蛎礁被损毁和掠夺，而北方正在古尔本（Goulburn）和梅尔维尔岛（Melville Islands）尝试建造牡蛎礁和振兴牡蛎养殖业。原以为已经绝迹的本土安喀斯牡蛎（angasi）现在已经回来了一部分，它们能抵御太平洋牡蛎无法抵御的病害。

大自然有它自己"送回拿走"的方式。在北部海岸，德国的叙尔特岛（Sylt），过去十年里人们在这里的潮平上发现了太平洋牡蛎的遗迹。在一块小型实验田里，有一群蚝卵越过养殖点的护栏，向四面漂散开来，刚开始时是无害的，直到1995年密度达到每平方米有1只太平洋牡蛎。到2004年密度变成了每平方米500只，2007年增加到每平方米2000只——聚沙成石的效应。

叙尔特岛牡蛎，汉堡，德国。

必备常识

第一次试吃牡蛎时挑选去壳的牡蛎肉，

那样牡蛎的浓香会漫溢唇齿。

我喜欢咀嚼的方式，有的人喜欢啜食。

我觉得嚼起来味道会更香。

桑迪·英格博（Sandy Ingber），中央车站牡蛎吧行政总厨

如何剥牡蛎

剥牡蛎处在剥贝壳手艺的顶端，显得尊贵而难度也很高。剥蛾螺时只需要一把小叉子；剥玉黍螺时需要用一根大头针和软木垫保持平稳；蛤蜊、鸟蛤和贻贝的外壳可以利用蒸汽打开。而剥牡蛎时需要使用特制的小刀，尽管有时用螺丝刀也行。

前几次剥牡蛎时你主要凭借的是勇气和结实的短刀 —— 不是切菜刀，那种容易断裂。技巧在于操刀的角度。将牡蛎放在厨房抹布上。在较窄的一端有个灰色小铰合位。让刀尖以40～45度的角度插进这块铰合位里。往内推挤，然后扭转，使劲撬动，然后刀片就会沿水平线将牡蛎肉从壳里切下来了。将刀片擦干净，接着开另一只。现在，手艺娴熟的剥工一分钟内能剥好三只牡蛎。

极少的牡蛎无法用这种技巧剥开。遇到这种情况你必须用钳子钳开外唇，留出一道缝隙好让刀口滑进去。如果其他方法都不行，就把牡蛎关进微波炉里待15秒。

OYSTER, CLAM AND MACKEREL KNIVES.

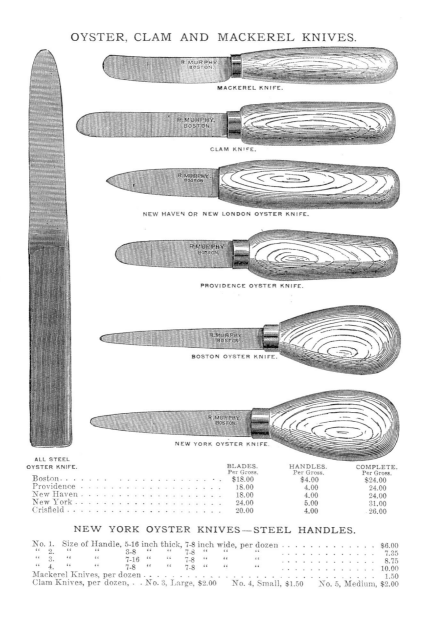

MACKEREL KNIFE.

CLAM KNIFE.

NEW HAVEN OR NEW LONDON OYSTER KNIFE.

PROVIDENCE OYSTER KNIFE.

BOSTON OYSTER KNIFE.

NEW YORK OYSTER KNIFE.

ALL STEEL
OYSTER KNIFE.

	BLADES. Per Gross.	HANDLES. Per Gross.	COMPLETE. Per Gross.
Boston.	$18.00	$4.00	$24.00
Providence	18.00	4.00	24.00
New Haven	18.00	4.00	24.00
New York	24.00	5.00	31.00
Crisfield	20.00	4.00	26.00

NEW YORK OYSTER KNIVES—STEEL HANDLES.

No. 1.   Size of Handle, 5-16 inch thick, 7-8 inch wide, per dozen $6.00
"   2.   "   "   3-8 "   "   7-8 "   "   " 7.35
"   3.   "   "   7-16 "   "   7-8 "   "   " 8.75
"   4.   "   "   7-8 "   "   7-8 "   "   " 10.00
Mackerel Knives, per dozen. 1.50
Clam Knives, per dozen, . . No. 3, Large, $2.00   No. 4, Small, $1.50   No. 5, Medium, $2.00

R. Murphy牌精工刀，专为牡蛎、蛤蜊和鲭鱼设计。这幅广告刊登于"达姆、斯托达德和肯德尔目录"（Dame, Stoddard and Kendall），1901年。

239

牡蛎礼仪

牡蛎礼仪中道衰落，因为不常使用或使用不当。一种观点认为牡蛎刚从海里捞上来时是最好吃的。其实不是。我们要把牡蛎放上几天，让它们吸收海水、保持新鲜，从而达到最佳口感。如今，考虑到多数河口的水质问题，沙滩拾贝可能不再是明智之举。在美国和澳大利亚，海水会定期接受检查，在安全的水域附近拾贝会得到鼓励。

在厨房，牡蛎去壳后要待一段时间。第一股流入壳里的水是海水——有的人甚至会把海水挤掉。我们要等到海水和牡蛎的汁液混合到一起。

把牡蛎放在冰块上更好些。这样牡蛎壳就不易刮擦瓷碟，溢出物也能被冰块吸收。不再需要抹布。但最好不要吃冰牡蛎。像白葡萄酒一样，保持室温或稍热一些的牡蛎吃起来更香。

纯粹主义者可能会说，最初开始吃牡蛎时（两三只）应该生吃，不用加配菜和佐料。不用放柠檬、塔巴斯科辣酱、红酒醋、青葱、香肠。什么都不要放。这些烹饪旧习难改，而它们也算是奢侈的配菜。酸涩的味道和牡蛎的甜味不搭，至少对牡蛎是这样。牡蛎的关键在于它的产地。一旦脑海中留下牡蛎的味道和气味，你就该考虑用什么烹饪方法（如有）改进它们。

烤三角面包夹黄油和牡蛎是另一种不符礼仪的烹饪方式。牡蛎是黄油的宿敌，它会揭黄油的"老底"——那不过是一块脂肪。而加热的黄油是另一码事——奶油和黄油很搭。

波尔多烹饪法会用一段热香肠配牡蛎，形成巧妙的对比——热与冷，鱼肉与畜肉，加调料的和生食的，含脂肪的和零脂肪的。

L'amateur d'huîtres. | The Lover of osters.

《爱吃牡蛎的人》，画家奥诺尔·杜米埃（Honore Daumier）（1808—1879年），1836年刊登于法国杂志《讽刺画》（*La Caricature*）。

吃牡蛎配什么酒

　　著名葡萄酒商约瑟夫·伯克曼（Joseph Berkmann）建议根据牡蛎的产地挑选葡萄酒，以后至少能清楚地描绘有关这段关系的历史。如此一来，我们就会为来自卢瓦尔河谷的牡蛎挑选长相思葡萄酒（Sauvignon Blanc），或者让诺曼底的牡蛎搭配卡尔瓦多斯酒（Calvados）。我们前面提到牡蛎浓郁的气味和口感的复杂性往往比葡萄酒酿造技术更重要，容易让人困惑。牡蛎真的起到了开胃酒的作用。它也算一种葡萄酒。一般而言，白葡萄酒不能与海水、柠檬、塔巴斯科辣酱或醋等传统调料搭配——调料一直以来都是"风味路标"。

　　气泡能渲染友好、欢腾的气氛，所以香槟或起泡新世界葡萄酒（New World wine），以及苹果酒都能与牡蛎搭配。在苏格兰的海岛上，麦芽威士忌既可以浇在牡蛎上，也可以配着牡蛎餐喝，这种喝（吃）法可能源自"一口酒"（鸡尾酒）。用温热的日本清酒也可以。健力士黑啤酒拥有多层口感，但是得考虑酒量的问题。一品脱的健力士约能浇12只以上的牡蛎。

　　提到酒量与能力的较量，我们总会想到雪莉酒。它拥有浓度酒的黏滞性，而更精纯的味道足以遮盖海腥味。淡色干雪莉酒的清苦味和西班牙甜雪莉酒的浓香堪称最佳拍档。对熟牡蛎而言，可以根据调味料挑选酒。做奶油烤菜时会放奶油和黄油，适合搭配霞多丽（Chardonnay）；如果葡萄酒是倒进酱汁里的，就根据酱汁类型挑选酒饮。对牡蛎配牛排（甚至鸡肉）而言，任何精良的红葡萄酒都可以配餐。吃辣椒时不妨喝一杯麦芽汁浓度高的啤酒。

"一口酒"和小杯饮

　　鸡尾酒主要是20世纪的杰作——在第一批餐厅酒吧里现身。然而，从美食发展的角度看，有人推测第一批"一口酒"可能产自墨西哥，那里的酒吧习惯拿龙舌兰配牡蛎当作餐前饮食（另一种观点认为"一口酒"起源于苏格兰的海岛）。之后出现的食谱都包含了酒饮，而牡蛎逐渐取代了酒精。调酒师先将牡蛎和牡蛎汁放进玻璃杯里，倒上饮料，再撒些配料。

享受独饮

牡蛎血腥玛丽

1玻璃杯番茄汁，1个柠檬榨汁，两小撮黑胡椒，1根芹菜梗做装饰。

西瓜玛格丽塔

一杯西瓜汁，1个橘子榨汁，1个酸橙榨汁。

贝利尼

½杯/桃汁，1个柠檬榨汁，

½杯苏打水，黄瓜片做装饰。

黄瓜薄荷

1杯黄瓜汁，1个酸橙榨汁，

1根新鲜薄荷枝，一小撮黑胡椒。

大事记

一月

低地牡蛎节，布恩堂种植园，欢喜山（Mount Pleasant），查尔斯顿，南卡罗来纳州，美国。

二月

牛肉牡蛎烧烤野餐，黑格斯敦，马里兰州，美国。
弗莱德里克油炸"棒牡蛎"聚会，俄克拉荷马州，美国。

三月

牡蛎大赦节，新奥尔良，路易斯安那州，美国。

五月

纳鲁马牡蛎节，新南威尔士，澳大利亚。
布拉夫牡蛎节，靠近因弗卡吉尔，新西兰。
新奥尔良牡蛎节，沃登伯格公园，路易斯安那州，美国。

六月

科尔切斯特中世纪节庆与牡蛎盛会，埃塞克斯，英国。
阿克塔湾牡蛎节，洪堡德县，加利福尼亚州，美国。

七月

克尼斯纳牡蛎节，西开普省，南非。
惠茨特布尔牡蛎节，肯特，英国。
贝隆河畔里耶克牡蛎节，布列塔尼，法国。
泰恩河谷牡蛎节，爱德华王子岛，加拿大。

八月

"八月五"全国牡蛎日，美国。
米尔福德牡蛎节，康涅狄格州，美国。

九月

希尔斯堡国际牡蛎节，北爱尔兰，英国。

诺瓦克牡蛎节，长岛海峡，康涅狄格州，美国。

纽约牡蛎周，纽约市，美国。

戈尔韦国际牡蛎海鲜节（Galway），爱尔兰。

十月

法尔茅斯牡蛎节，康沃尔，英国。

牡蛎王节，新不伦瑞克，加拿大。

卡鲁原木牡蛎节（Karuah Timber and Oyster Festival），新南威尔士，澳大利亚。

紫罗兰牡蛎节，圣·伯纳德·帕利施，新奥尔良，路易斯安那州，美国。

曼波斯牡蛎海鲜节，威尔士，英国。

牡蛎节，牡蛎湾，长岛，纽约，美国。

圣·玛丽县牡蛎节，伦纳德敦（Leonardtown），马里兰州，美国。

韦尔弗利特牡蛎宴，科德角，马萨诸塞州，美国。

牡蛎节，海洋岛沙滩，北卡罗来纳州，美国。

约克县遗产信托牡蛎节，宾夕法尼亚州，美国。

十一月

弗吉利亚牡蛎月，弗吉利亚州，美国。

牡蛎铁甲贝，纽波特，俄勒冈州，美国。

佛罗里达海鲜节，阿巴拉契科拉，佛罗里达州，美国。

乌尔班那（Urbanna）牡蛎节，弗吉利亚州，美国。

布里斯班水牡蛎节，埃塔朗沙滩（Ettalong Beach），新南威尔士，澳大利亚。

赛马牡蛎节，霍桑赛马场（Hawthorne Race Course），斯蒂克尼/西塞罗，伊利诺伊州，美国。

希尔顿高级海岛牡蛎节，居湾社公园（Shelter Cove Community Park），南卡罗来纳州，美国。

牡蛎节，哥伦比亚，南卡罗来纳州，美国。

牡蛎种类

牡蛎通常根据它们的养殖地得名，但是从生物学角度上讲，只有少许种类的牡蛎为人所食：

东部牡蛎（Crassostrea Virginica）

它也叫美洲、海湾或大西洋牡蛎，是来自东海岸和南方的牡蛎。它拥有深凹的外壳，宽度通常达5～12厘米。

奥林匹亚牡蛎（Ostrea lurida）

因华盛顿州首府得名，生长于美国西北部。通常不足5厘米宽，生长较慢，但据说这样可以让那种涩口、烟熏的味道变得更浓。

欧洲扁蛎（Ostrea edulis）

享有美誉的著名本土欧洲品种。自20世纪50年代起也生长于美国西北部。

太平洋牡蛎（Crassostrea gigas）

太平洋品种可以比其他品种长得更大、更快，因此成为世界牡蛎的霸主。它们也更坚硬，较少染病。多数养殖在美国西海岸的牡蛎属于太平洋牡蛎。

熊本牡蛎（Crassostrea sikamea）

得名于首次繁育它的日本县名，熊本牡蛎有时被称为贵族牡蛎。它们个头虽小——宽约5厘米——但是肉很多。

岩蛎（Saccostrea glomerata）

有名的悉尼（和新西兰）牡蛎，与太平洋牡蛎虽然容易混淆，前者的个头比后者的要小。太平洋品种有黑边，而岩蛎的边呈灰白色，口感较软，味道与太平洋牡蛎的有细微差别。

澳大利亚本土牡蛎（Ostrea angasi）

澳大利亚本土牡蛎（angasi）因过度捕捞而几乎被逮尽。然而，近些年来人们正在努力恢复它的产量，因为它不易染上太平洋牡蛎得的那种病。这类牡蛎仍然野生在塔斯马尼亚岛附近。

布拉夫牡蛎（Tiostrea Chilensis）

又叫德雷奇牡蛎，在智利名为"ostra chilena"。布拉夫是野生牡蛎，主要在福沃海峡和塔斯曼湾（Tasman Bay），3月到8月是捕捞季。它们颜色灰白，外形和口味呈乳状。

著名海湾、礁体和水域

加拿大

不列颠哥伦比亚——诺特卡海峡、夸德纳岛、登曼岛、范妮湾、马拉斯皮纳湾、杰维斯湾。

新不伦瑞克——卡拉开特、拉圣西门、拉梅克、米拉米奇湾。

爱德华王子岛——彼得克湾（Bedeque Bay）、萨默塞德、莫尔佩克、拉斯伯里角（Raspberry Point）、科尔维尔湾（Colville Bay）。

新斯科舍——马拉卡什、北角。

美国：西海岸

阿拉斯加——辛普森湾、风湾、岩道、鹰湾。

华盛顿州——塞米什湾、邓杰内斯、发现湾、基尔瑟内、Dosewallips、达科布什河、哈马哈马河、泥湾、皮克林道、奥克兰湾、哈默斯利湾、皮尔道、托腾湾、牡蛎湾、奥林匹亚、格雷斯海港、威拉帕湾、牡蛎镇。

俄勒冈州——库斯湾、温切斯特湾、亚奎纳湾、蒂拉穆克、雷纳。

加利福尼亚州——霍格岛、托马利斯湾、德雷克湾。

美国：东海岸

缅因州——达马瑞斯哥塔河、佩马奎德角。

马萨诸塞州和罗德岛——鲸岩、沃切希尔、纳拉干西特湾、匡西特角、卡蒂杭克岛、玛莎葡萄园、法尔茅斯、科蒂伊特、巴恩斯特布、威尔弗利特港、希蒙岛、鸭岛、罗宾斯岛、麦考湾、派普斯湾、避风岛、牡蛎池、渔人岛、拉姆岛。

新泽西州 —— 五月角。

弗吉利亚州 —— 詹姆斯河、拉帕汉诺克河、切萨皮克湾、钓鱼溪、鲍格斯湾。

北卡罗来纳州 —— 帕姆利科海峡。

美国：墨西哥湾

东海岸 —— 阿巴拉契科拉湾、东湾、海军湾、移动湾、品斯角、密西西比海峡、比洛克西、巴拉塔里亚、泰瑞博湾、卡尤湖、博勒加德岛。

得克萨斯州和加尔维斯敦 —— 托德堆、老黄礁、公牛陵礁、斯蒂芬森礁、史密斯岛、孤单橡树礁、马塔戈达湾、圣安东尼湾、阿兰萨斯湾、母亲湖。

墨西哥

加利福尼亚、纳亚里特、塔毛利帕斯、韦拉克鲁斯、塔巴斯科、坎佩切。

智利

瑞兰湾、智鲁岛。

爱尔兰

班克拉纳、阿基尔、卡尔纳、希尔斯伯洛、戈尔韦、特拉利、邓加文。

英国

北爱尔兰 —— 卡林福德湖湾、斯特兰福德湖湾。

威尔士 —— 曼博斯、梅纳伊海峡。

英格兰 —— 巴特利溪、德本河、奥威尔河、斯陶尔河、罗奇河、科尔恩河口、西默西、黑水河口、莫尔登、克劳奇河、惠茨特布尔、南安普敦、普尔、白浪岛、阿伯茨伯里、骆驼河口、法勒河、美乐、泽西、林迪斯法恩。

苏格兰 —— 斯凯岛、法恩湖。

法国

诺曼底 —— 伊斯尼南郊、圣瓦斯特。

布列塔尼 —— 基伯龙、莫尔比昂、贝隆、坎佩尔、布雷斯特、莫尔莱、潘波勒（深海）、圣布里厄湾、康卡勒。

阿尔卡雄 —— 鸟岛。

朗格多克 —— 布兹格。

比利时

奥斯坦德是所有在比利时养殖的牡蛎的家园。

荷兰

泽兰、耶尔瑟克、东斯凯尔特河、格雷沃林根湖。

意大利

里米尼、塔兰托。

澳大利亚

新南威尔士 —— 特威德、黑斯廷斯角、不伦瑞克角、伍里伍里河、卡姆登天堂河、沃利斯湖、曼宁角、斯蒂芬斯港口、布里斯班水域、霍克斯伯里河、博坦尼湾。

南澳大利亚 —— 烟湾、丹尼尔湾、哈斯拉姆、斑点湾、科芬湾、林肯港口、考埃尔、袋鼠岛。

塔斯马尼亚岛 —— 蒙塔古、索雷尔港口、佐治亚湾、科尔斯湾、大牡蛎湾、邓纳利、诺福克湾、休恩河、埃斯佩兰斯港口。

新西兰

马纳、克利夫敦、福沃海峡。

参考文献

(Anon.) "A Lady," *The Whole Duty of a Woman,* "Printed for J. Gwillim, against the Great James Tavern in Bishopsgate-street", London (1696)

Thomas Austin, *"Two Fifteenth-Century Cookery-books." Taken from the Harleian Manuscripts, with extracts from the Ashmole, Laud & Douce Manuscripts*, London (1888)

J. A. Buckley, *The Cornish Mining Industry: A Brief History*, Tor Mark Press, Redruth (1992)

Simant Bostock and David James, *Celtic Connections: Ancient Celts, Their Tradition and Living Legacy*, Blandford Press, London (1996)

Lewis Carroll, *Through the Looking-Glass*, Macmillan & Co., London (1871)

Pierre de la Charlevoix, *Histoire et description générale de la Nouvelle France*, Didot, Paris (1744)

Captain Cook's Journal During his First Voyage Round the World Made in H.M. bark "Endeavour", 1768–71, Captain W.J.L Wharton (ed.), Elliot Stock, London (1893)

Daniel Defoe, *A Tour Thro' the Whole Island of Great Britain* (1724–27), JM Dent and Co., London (1927)

Charles Dickens, *A Christmas Carol*, Chapman & Hall, London (1843)

Charles Dickens, *The Pickwick Papers*, Chapman & Hall, London (1836–37)

Alexandre Dumas, *Grand Dictionnaire de cuisine*, Paris (1873)

Celia Fiennes, *Through England on a Side Saddle*, Field & Tuer, London (1888)

M. F. K. Fisher, *Consider the Oyster* (1941), North Point Press, New York (1988)

Thomas Fuller, *The History of the Worthies of England*, London (1662)

Roger Gachet, *Tout savoir sur les huîtres*, Europe Éditions, Nice (2007)

Elizabeth Grey (Countess of Kent), *A True Gentlewomans Delight.*, W.I. Gent, London (1653)

Marion Harland (Mary Virginia Terhune), *Common Sense in the Household: A Manual of Practical Housewifery*, Scribner, Armstrong & Co., New York (1873)

Ernest Hemingway, *A Moveable Feast*, Jonathan Cape, London (1964)

George Leonard Herter and Berthe E. Herter, *Bull Cook and Authentic Historical Recipes and Practices* (1967), Ecco Press, New York (1995)

Thomas Huxley, "Oysters and the Oyster Question" (1883), quoted in Leonard Huxley (ed.), *The Life and Letters of Thomas Henry Huxley*, vol. 2, (1903), Cambridge University Press, Cambridge (2011)

Sandy Ingber and Roy Finamore, *The Grand Central Oyster Bar and*

Restaurant Cookbook, Stewart, Tabori & Chang, New York (2013)

Mark Kurlansky, *The Big Oyster: A Molluscular History of New York,* Vintage, New York (2007)

Guy de Maupassant, *Bel Ami* (1883), Oxford University Press, Oxford (2011)

Patrick McMurray, *Consider the Oyster: A Shucker's Field Guide*, Thomas Dunne Books, New York (2007)

Francis Louis Michel, "Report on the Journey of Francis Louis Michel from Berne, Switzerland to Virginia, October 2, 1701–December 1 1702," quoted in *Virginia Magazine of History and Biography*, 24 (1916)

Alistair Moffat, *The Sea Kingdoms: The History of Celtic Britain and Ireland,* Birlinn Ltd, Edinburgh (2008)

Haruki Murakami (trans. Jay Rubin), *The Wind-Up Bird Chronicle*, Vintage, London (1994)

Eustace Clare Grenville Murray, *The Oyster: Where, How and When to Find, Breed, Cook and Eat It* (London, 1861)

John Murrell, *A New Booke of Cookerie*, London (1615)

John Morris, *Londinium: London In The Roman Empire*, Phoenix Press, London (1999)

Robert Neild, *The English, the French and the Oyster,* Quiller Press, London (1995)

The Diary of Samuel Pepys: Volume I – 1660, JM Dent & Co., London (1953)

Pliny the Elder, *Natural History*, Book IX, Loeb, Cambridge, MA (1952)

Graham Robb, *The Discovery of France*, Picador, London (2008)

William Shakespeare, *The Merry Wives of Windsor*, London (1602)

Drew Smith, *Oyster: A World History*, History Press, London (2010)

Jeremy Taylor, "Apples of Sodom," Part II, Sermon XX of *XV Sermons for the Winter Half-Year, Preached at Golden Grove* (1653)

Robb Walsh, *Sex, Death and Oysters*, Counterpoint Press, Berkeley, CA (2009)

Sarah Waters, *Tipping the Velvet*, Virago, London (1998)

John Wennersten, *The Oyster Wars of Chesapeake Bay*, Tidewater Publishers, Centreville, MD (1981)

Hannah Woolley, *The Accomplish'd Lady's Delight in Preserving, Physick, Beautifying, and Cookery*, London (1675)

索引

图书在版编目（CIP）数据

牡蛎：征服世界的美食／（英）德鲁·史密斯（Drew Smith）著；丁敏译.—武汉：华中科技大学出版社，2023.9

ISBN 978-7-5772-0004-0

Ⅰ.①牡… Ⅱ.①德… ②丁… Ⅲ.①牡蛎科－菜谱 Ⅳ.①TS972.126.4

中国国家版本馆CIP数据核字（2023）第164940号

Oyster by Drew Smith

Conceived and produced by Elwin Street Productions Limited

Copyright Elwin Street Productions Limited 2020

10 Elwin Street

London E2 7BU

United Kingdom

www.elwinstreet.com

本作品简体中文版由Elwin Street Productions授权华中科技大学出版社有限责任公司在中华人民共和国境内（但不含香港、澳门和台湾地区）出版、发行。

湖北省版权局著作权合同登记　图字：17-2023-037号

牡蛎：征服世界的美食

Muli: Zhengfu Shijie de Meishi

[英] 德鲁·史密斯（Drew Smith）著

丁敏 译

出版发行：华中科技大学出版社（中国·武汉）　　　　电话：(027) 81321913
　　　　　华中科技大学出版社有限责任公司艺术分公司　　　(010) 67326910-6023

出 版 人：阮海洪

责任编辑：莽　昱　谭晰月

责任监印：赵　月　郑红红　　　　　　　　　　　　封面设计：邱　宏

制　　作：北京博逸文化传播有限公司

印　　刷：北京博海升彩色印刷有限公司

开　　本：720mm×1020mm　　1/16

印　　张：16

字　　数：110千字

版　　次：2023年9月第1版第1次印刷

定　　价：168.00元